Anna Marus

Prever o custo das viagens de táxi utilizando a aprendizagem automática

Anna Marus

Prever o custo das viagens de táxi utilizando a aprendizagem automática

Estudo sobre os táxis da cidade de Nova Iorque para 2023

ScienciaScripts

Imprint

Cover image: www.ingimage.com

This book is a translation from the original published under ISBN 978-620-8-17096-7.

Publisher:
Sciencia Scripts
is a trademark of
Dodo Books Indian Ocean Ltd. and OmniScriptum S.R.L publishing group

120 High Road, East Finchley, London, N2 9ED, United Kingdom
Str. Armeneasca 28/1, office 1, Chisinau MD-2012, Republic of Moldova, Europe
Managing Directors: Ieva Konstantinova, Victoria Ursu
info@omniscriptum.com

Printed at: see last page
ISBN: 978-620-8-51174-6

Conteúdo

REFERÊNCIA.

APRENDIZAGEM AUTOMÁTICA, PREVISÃO DE TARIFAS DE TÁXI, PRÉ-PROCESSAMENTO DE DADOS, APRENDIZAGEM COM O PROFESSOR, REGRESSÃO LINEAR, ÁRVORE DE DECISÃO, FLORESTA ALEATÓRIA, GRADIENT BOUSTING, MÉTODO DOS VIZINHOS MAIS PRÓXIMOS, MÉTODO DO VECTOR DE APOIO

O objeto do estudo é um conjunto de dados rotulado que contém as viagens de táxi na cidade de Nova Iorque para o ano de 2023.

O objetivo da tese é realizar uma análise inteligente dos dados estatísticos das viagens de táxi na cidade de Nova Iorque e prever o custo das viagens de táxi através da aprendizagem automática.

Foram utilizadas técnicas de aprendizagem automática para atingir o objetivo.

Na tese, foram obtidos os seguintes resultados:

1) São descritos métodos e tarefas de aprendizagem automática.

2) São elaboradas projecções do custo das viagens de táxi por diferentes métodos.

A tese é um trabalho prático. Os seus resultados podem ser utilizados para prever o custo das viagens de táxi em função de determinados parâmetros.

A tese está completa, as tarefas definidas estão totalmente resolvidas e existe a possibilidade de desenvolver a investigação.

O trabalho de diploma foi efectuado pelo autor de forma independente.

INTRODUÇÃO

A tese insere-se no domínio da aprendizagem automática e centra-se na formação, análise e previsão de dados através da aprendizagem automática, utilizando o exemplo das viagens de táxi na cidade de Nova Iorque para o ano de 2023.

A relevância do tema reside no facto de os táxis serem parte integrante da sociedade moderna. E a previsão do custo das viagens é de grande importância para os passageiros, os taxistas e as empresas de táxis. Permite aos passageiros planear as suas despesas e evitar preços inesperadamente elevados. Para os taxistas, ajuda-os a otimizar o seu trabalho, a escolher percursos mais rentáveis e a aumentar os seus rendimentos. Para as empresas de táxi, ajuda-as a gerir os preços, a atrair mais clientes e a aumentar os seus lucros. Além disso, a previsão do custo das viagens de táxi pode ser útil para as autoridades municipais no planeamento de infra-estruturas de transportes e no desenvolvimento de programas de transportes públicos urbanos. A aplicação da aprendizagem automática à previsão de tarifas de táxi pode ter em conta muitos factores, como a distância, a hora do dia, as condições meteorológicas, o nível de procura e muitos outros, para criar previsões mais precisas e fiáveis. Assim, a previsão do custo das viagens de táxi utilizando métodos de aprendizagem automática é uma tarefa urgente que pode beneficiar tanto os utilizadores individuais como a sociedade em geral.

O objetivo da tese é realizar uma investigação intelectual analisar estatísticas sobre viagens de táxi na cidade de Nova Iorque e prever o custo das viagens de táxi através da aprendizagem automática.

A fim de atingir o objetivo declarado, são definidos os seguintes objectivos:

- para ler dados estatísticos, pré-processá-los e encontrar novos dados reconhecimentos;
- Analisar o impacto de vários factores no custo de uma tarifa de táxi e preparar dados para a aprendizagem automática para prever o custo de uma viagem;
- Utilizar a aprendizagem automática para explorar e criar modelos que prevejam o custo das viagens de táxi.

Para redigir a parte teórica da tese, utilizámos os métodos de análise, de síntese e de classificação (descrição e análise dos métodos de aprendizagem automática, análise do custo de um táxi por diferentes indicadores). Para a redação da parte prática da tese, foram utilizados os métodos de cálculo e de medição, o método de comparação e o método de modelização. A tese tem um carácter de investigação e é uma continuação do trabalho de curso [7].

CAPÍTULO 1

INFORMAÇÃO TEÓRICA

Atualmente, os táxis continuam a ser um meio de transporte relevante e muito procurado. Apesar do desenvolvimento de outros meios de transporte, como o metro, os autocarros, os eléctricos, etc., os táxis continuam a ser um meio de transporte cómodo e eficaz para entrar e sair da cidade.

Uma das principais razões para a relevância dos táxis é a sua disponibilidade e comodidade. Os passageiros podem chamar um táxi a qualquer altura, independentemente das condições climatéricas ou da hora do dia. Os táxis também oferecem um serviço personalizado, permitindo ao passageiro escolher o trajeto e a hora da viagem.

Além disso, o desenvolvimento da tecnologia moderna e das aplicações móveis tornou a chamada de um táxi mais cómoda e fácil. Agora pode chamar um carro com apenas alguns toques no seu smartphone, o que poupa tempo e simplifica o processo.

Os táxis também ajudam os turistas e os viajantes que não estão familiarizados com a cidade a chegar aos seus destinos desejados de forma rápida e cómoda.

Assim, os táxis continuam a ser um meio de transporte importante para a sociedade moderna devido à sua comodidade, acessibilidade e serviço personalizado.

1.1 O problema da previsão do custo das viagens de táxi

O problema da previsão do custo das viagens de táxi é que se trata de um problema complexo de análise de regressão, em que é necessário ter em conta muitas variáveis e factores que afectam o custo das viagens. Alguns dos principais desafios na utilização da aprendizagem automática para prever o custo das viagens de táxi são os seguintes:

- Falta de dados: a estimativa exacta do custo das viagens de táxi exige o acesso a uma grande quantidade de dados, cujo acesso pode ser limitado;
- elevada variabilidade de preços: o custo de uma viagem de táxi pode variar muito devido à hora do dia, ao dia da semana, à estação do ano, ao clima e a muitos outros factores. Este facto torna a previsão mais difícil;
- contabilização de múltiplas variáveis: a estimativa exacta das tarifas de táxi exige a contabilização de múltiplas variáveis, como a distância, o tempo de viagem, o tráfego, as condições meteorológicas e a procura. Isto exige modelos sofisticados de aprendizagem automática e grandes quantidades de computação;
- ter em conta as alterações dinâmicas: as tarifas dos táxis podem mudar em tempo real em função da oferta e da procura.

De um modo geral, o problema da previsão do custo das viagens de táxi utilizando técnicas de aprendizagem automática é um desafio e exige o desenvolvimento de modelos eficientes que possam ter em conta múltiplas variáveis e condições que mudam dinamicamente.

1.2 Métodos de aprendizagem automática

A aprendizagem automática é uma das áreas mais relevantes e promissoras da análise de dados. É utilizada em vários domínios, como os motores de busca, as finanças, a medicina, as empresas industriais, o marketing e os transportes.

A aprendizagem automática ajuda as grandes empresas e organizações a automatizar os seus processos de produção, a melhorar a qualidade das decisões tomadas e implementadas, a aumentar a eficiência empresarial e a expandir a sua base de utilizadores.

A aprendizagem automática também pode analisar grandes quantidades de dados e encontrar padrões ocultos que ajudam a antecipar eventos futuros, otimizar processos de produção e desenvolver produtos e serviços úteis.

Hoje em dia, a utilização da aprendizagem automática está a tornar-se cada vez mais procurada e relevante para qualquer empresa, uma vez que ajuda a utilizar os recursos da empresa de forma eficiente e a criar concorrência no mercado.

A aprendizagem automática (AM) é uma secção da teoria da inteligência artificial, cujo objeto é a procura de métodos de resolução de problemas através da aprendizagem da resolução de problemas semelhantes[9, p. 4].

Existem muitos métodos de aprendizagem automática disponíveis. Os principais são:

- Aprendizagem supervisionada (Supervised Learning);
- Aprendizagem não supervisionada (Aprendizagem não supervisionada);
- Aprendizagem semi-supervisionada (Semi-supervised Learning);
- Aprendizagem por reforço;
- Aprendizagem por transferência (Transfer Learning).

Estes são os tipos básicos de aprendizagem automática e são aplicados consoante o problema específico e os dados disponíveis. Cada tipo contém muitas variações para encontrar soluções para problemas de complexidade diferente.

1.2.1 Aprendizagem automática com um professor

A aprendizagem automática supervisionada é um método em que o conjunto de exemplos de formação contém não só dados de entrada, mas também dados de saída associados. [6, c. 129]

Cada treino do modelo com o professor consiste nas seguintes etapas:

1. Preparação dos dados: os dados são limpos, transformados em diferentes atributos e depois divididos em duas amostras (treino e teste);
2. Seleção do modelo: estudam-se os modelos adequados para a formação e

seleciona-se o melhor (os modelos principais e mais comuns para a formação com um professor são a regressão linear e logística, as árvores de decisão, a floresta aleatória, o gradient bousting e outros);

3. Treino do modelo: os parâmetros são ajustados para aumentar a exatidão e minimizar os erros de previsão.
4. Avaliação do modelo: o modelo treinado é avaliado com dados de teste, verificando a sua exatidão e a sua capacidade de trabalhar com outros dados.
5. aplicação do modelo: o modelo acabado é aplicado para prever outros dados.

A aprendizagem com um professor permite a criação de modelos altamente precisos para resolver um grande número de problemas de complexidade variável e é utilizada em muitas aplicações.

1.2.2 Aprendizagem automática sem um professor

A Aprendizagem Automática Não Supervisionada é um algoritmo que recebe apenas "sinais" como entrada, sem qualquer estímulo do professor[6, p. 134].

O sistema encontra padrões e estruturas ocultas, proporcionando a capacidade de identificar automaticamente padrões, agrupar dados e fazer previsões.

As tarefas mais conhecidas do ensino sem professor são:

- agrupamento (agrupamento de objectos por caraterísticas semelhantes, destacando estruturas ocultas nos dados);
- redução da dimensionalidade (redução do número de atributos, preservando as principais caraterísticas dos dados);
- regras associativas (encontrar dependências entre elementos do conjunto de dados);
- Deteção de anomalias (identificação de valores invulgares e imprevisíveis nos dados).

A aprendizagem automática sem professor é utilizada para tomar decisões empresariais, otimizar processos e criar os mais recentes produtos e serviços.

1.2.3 Aprendizagem automática com envolvimento parcial do professor

A aprendizagem automática semi-supervisionada é um método de formação de modelos que utiliza dados rotulados (a resposta correta é conhecida) e não rotulados (a resposta correta não é dada). Os dados não rotulados contêm informações valiosas para ajudar a compreender melhor a estrutura dos dados e tornar as previsões mais exactas. Para este efeito, são utilizados vários métodos, incluindo tarefas de agrupamento, semi-aprendizagem e métodos de transferência de conhecimentos.

A aprendizagem automática com envolvimento parcial do professor é utilizada para grandes quantidades de dados quando a separação dos dados é difícil ou impossível.

As vantagens do método são a obtenção de melhores dados, modelos melhorados, redução do tempo e do custo da partição dos dados. No entanto, existem também limitações, como a necessidade de utilizar algoritmos sofisticados e problemas com a interpretabilidade dos modelos resultantes.

1.2.4 Aprendizagem automática com reforço

A aprendizagem automática por reforço é um método em que os agentes (robots ou programas) são treinados para tomar decisões com o objetivo de aumentar uma determinada recompensa. O agente aprende o seu ambiente, toma decisões, estas decisões são avaliadas e os agentes recebem uma recompensa pela sua decisão (sob a forma de uma recompensa ou de uma penalização).

O princípio deste método consiste em treinar o agente para escolher o comportamento correto em diferentes situações, a fim de maximizar a sua recompensa final. Para o efeito, são utilizados diferentes métodos (Q-learning, aprendizagem por reforço profundo e estratégias de ator-crítico).

As aplicações da aprendizagem automática por reforço incluem jogos de tabuleiro e de computador, controlo de robôs, negociação automatizada em mercados financeiros, gestão de tráfego e outras tarefas em que o agente tem de executar uma série de acções para atingir objectivos.

A aprendizagem automática com aprendizagem por reforço é uma das áreas mais promissoras da inteligência artificial, que está a desenvolver-se rapidamente e a ser utilizada em vários domínios.

1.2.5 Aprendizagem automática de transferência

A aprendizagem automática por transferência (TL) é um método de aprendizagem automática em que um modelo que foi previamente treinado para realizar uma tarefa é "afinado" para resolver outra tarefa-alvo relacionada com a anterior. A formação de um modelo de aprendizagem automática a partir do zero é normalmente um processo moroso e intensivo em termos de mão de obra, que exige um grande conjunto de dados de formação, recursos computacionais com potência suficiente e várias iterações antes de o modelo estar formado e pronto a ser utilizado. O método de aprendizagem por transferência utiliza modelos pré-treinados abertos (o modelo está disponível gratuitamente), preparando-os para resolver problemas relacionados utilizando novos dados. [11]

A Aprendizagem por Transferência é utilizada em muitas indústrias para automatizar, otimizar e acelerar os processos de previsão e de tomada de decisões.

1.3 Bibliotecas Python para aprendizagem automática

Python é atualmente uma das linguagens de programação mais populares. O Python moderno oferece muitos pacotes e bibliotecas de código aberto, o que o torna conveniente para resolver problemas de aprendizagem automática e inteligência artificial.

As melhores bibliotecas Python para aprendizagem automática:

- O Tensor Flow é uma biblioteca de aprendizagem automática Python de ponta a ponta para efetuar cálculos numéricos de alta qualidade [2];
- O Keras é uma das principais bibliotecas Python de código aberto escritas para a construção de redes neuronais e projectos de aprendizagem automática [2];
- Theano, uma biblioteca de aprendizagem automática e inteligência artificial, pode lidar com redes neuronais muito grandes [2];
- Scikit-learn é uma biblioteca de aprendizagem automática Python bem conhecida, com uma vasta gama de algoritmos de agrupamento, regressão e classificação [2];
- PyTorch é uma biblioteca de aprendizagem automática Python totalmente pronta, com excelentes exemplos, aplicações e casos de utilização, apoiada por uma forte comunidade [2];
- NumPy é uma biblioteca de álgebra linear desenvolvida em Python [2];
- Python Pandas é uma biblioteca de código aberto que oferece uma vasta gama de ferramentas para processamento e análise de dados [2];
- Seaborn é uma biblioteca de visualização baseada em Matplotlib [2].

Os pacotes acima mencionados fornecem funções e ferramentas completamente diferentes para o processamento de dados, construção e avaliação de modelos. A escolha de um pacote para trabalhar depende da tarefa e do nível de experiência em aprendizagem automática.

1.4Tarefas da aprendizagem automática

Dependendo do tipo de parâmetros de entrada e da solução procurada, existem vários tipos de problemas na aprendizagem automática:

- tarefas de classificação: determinar a categoria a que o objeto pertence;
- Problemas de regressão: previsão de valores numéricos a partir de dados de entrada;
- problemas de agrupamento: agrupamento de objectos por alguma semelhança;
- Tarefas de deteção de anomalias: identificar padrões invulgares ou anómalos nos dados;
- tarefas de redução da dimensionalidade: reduzir o número de atributos nos dados originais, preservando toda a informação necessária;
- tarefas Recomendações: Prestação de serviços personalizados recomendações baseadas em diferentes preferências e comportamentos;
- tarefas de reforço: ensinar os agentes a tomar decisões no seu ambiente e a melhorar o seu comportamento com base nas suas avaliações;
- tarefas de geração: geração de dados com base em dados de treino.

A regressão logística, o SVM, as árvores de decisão, a floresta aleatória, o Gradient Boosting e o K-Nearest Neighbours são os métodos mais utilizados nas tarefas de classificação. Para avaliar o desempenho dos modelos, são utilizadas as métricas de exatidão e precisão, de recuperação e de pontuação F1.

A regressão linear, a regressão por floresta aleatória, a árvore de decisão, o método dos vizinhos mais próximos (k-nearest neighbours), o gradient bousting, o método do vetor de apoio e as redes neuronais são os métodos mais utilizados nos problemas de regressão. As métricas de erro absoluto médio (MAE), erro quadrático médio (MSE) e coeficiente de determinação (R^2) são utilizadas para avaliar o desempenho dos modelos.

O método k-means, o DBSCAN (Density-Based Spatial Clustering of Applications with Noise), o agrupamento hierárquico, os métodos de agrupamento espetral e os algoritmos de escalonamento multidimensional são utilizados principalmente em tarefas de agrupamento de dados. As métricas do coeficiente de silhueta e do índice de Dunn são utilizadas para avaliar o desempenho dos modelos.

O método de análise de componentes principais (PCA), o método t-CNE, o método autoencoder, o método de análise discriminante linear (LDA), o método de projeção aleatória, o método de escalonamento multidimensional (MDS) e o método de análise de componentes (ICA) são frequentemente utilizados em problemas de redução da dimensionalidade dos dados.

As tarefas de recomendação utilizam principalmente a filtragem de colaborações, a filtragem de conteúdos, métodos híbridos, métodos de aprendizagem profunda e métodos de decomposição de matrizes.

Nas tarefas de reforço, são principalmente utilizados métodos com reforço, Q-learning, Deep Q-Networks, Policy Gradient e Ator-Critic.

Os modelos generativos que utilizam redes neuronais, como as Redes Adversárias Generativas e o Autoencoder Variacional, os métodos baseados em Redes Neuronais Recorrentes (RNN) e Redes Neuronais Convolucionais (CNN), os Autoencoders, os métodos de aprendizagem profunda, como a Memória de Curto Prazo Longa e o Transformador, e os métodos de aprendizagem por reforço são frequentemente utilizados em tarefas de geração.

Uma vez que o custo da deslocação é um valor numérico (ou seja, uma regressão), os algoritmos de regressão são considerados neste documento.

1.4.1 Regressão linear

A regressão linear é um método utilizado para estimar a relação entre a variável dependente (é uma combinação linear das variáveis independentes) e as variáveis independentes.

Um modelo de regressão linear pode ser representado por uma equação:

$$Y = \beta_0 + \beta_1 X_1 + \beta_2 X_2 + \cdots + \beta_n X_n + \varepsilon \quad (1.1)$$

em que Y é a variável dependente, X_1, X_2 ... $\beta_0, \beta_1, \beta_2, \ldots \beta_n \cdot \varepsilon$ - $_{X(n)}$ - variáveis independentes, - coeficientes de regressão, - erro.

$\beta_0, \beta_1, \beta_2, \beta_n$ A regressão linear (1.1) determina os coeficientes de regressão , , que mostram a taxa de variação da variável dependente Y a partir das variáveis independentes X_k $(k = 1, \ldots t)$.

As vantagens do método são a simplicidade e a compreensibilidade, a interpretabilidade e a eficiência do modelo. No entanto, apresenta desvantagens sob a forma de linearidade, sensibilidade a valores anómalos, multicolinearidade e limitações no número de atributos.

1.4.2 Regressão de cumeeira

A regressão de cumeeira é uma técnica de regularização utilizada na regressão linear para combater o problema da multicolinearidade (quando as variáveis independentes no modelo estão altamente correlacionadas entre si) [5]. A ideia básica é adicionar uma penalização aos coeficientes do modelo para evitar o sobreajuste.

Na regressão em cumeeira, é adicionado um termo de penalização à função de perda, que é a soma dos quadrados dos coeficientes do modelo multiplicada pelo parâmetro X. Assim, não só o erro de previsão é minimizado, mas também a magnitude dos coeficientes. O parâmetro X é selecionado com base no conjunto de dados de treino e permite encontrar um equilíbrio entre a precisão da previsão e a complexidade do modelo.

A regressão de cumeeira ajuda a melhorar a generalização do modelo, reduzindo a sua tendência para o sobreajuste.

1.4.3 Regressão polinomial

A regressão polinomial é uma técnica utilizada para estimar a relação entre uma variável dependente (que é uma combinação não linear de variáveis independentes) e uma ou mais variáveis independentes. Ao contrário da regressão linear, em que se pressupõe uma relação linear entre as variáveis, a regressão polinomial pressupõe que a relação pode ser descrita por uma função polinomial de ordem superior.

Um modelo de regressão polinomial pode ser representado por uma equação:

$$Y = \beta_0 + \beta_1 X + \beta_2 X^2 + \cdots + \beta_n X^n + \varepsilon \quad (1.2)$$

$\beta_0, \beta_1, \beta_2, \ldots \beta_n - \varepsilon$ em que Y - variável dependente, X - variável independente, coeficientes de regressão, - erro.

Esta equação (1.2) é um exemplo de regressão polinomial simples. Ao incluir graus adicionais de X na equação, podem ser modeladas relações não lineares mais complexas.

Um passo importante na utilização do método de regressão polinomial é escolher o grau ótimo do polinómio.

1.4.4 Descida do gradiente estocástico

A descida do gradiente estocástico é um método de aprendizagem automática que optimiza os parâmetros do modelo, minimizando a função de perda. Este método é uma das variantes da descida de gradiente e um dos algoritmos de otimização mais populares e eficazes na aprendizagem automática [8, p. 224].

A essência do método consiste em encontrar os máximos ou mínimos locais de uma função utilizando um gradiente.

A principal diferença entre a descida gradiente estocástica e a descida gradiente normal é que a descida gradiente estocástica calcula o gradiente em todo o conjunto de dados, enquanto a descida gradiente estocástica calcula o gradiente em apenas um exemplo aleatório do conjunto de dados de treino. Isto permite uma atualização mais eficiente dos parâmetros do modelo e acelera o processo de aprendizagem. Por conseguinte, a descida do gradiente estocástico é um método mais útil quando o conjunto de dados é suficientemente grande.

1.4.5 Árvore de decisão

Uma árvore de decisão é um método de aprendizagem automática para tarefas de regressão e classificação que tem uma estrutura em árvore. Qualquer árvore tem necessariamente nós e arestas. Os nós representam as condições de uma das caraterísticas e as arestas representam o resultado possível dessa condição. A árvore é construída através da partição dos dados em subgrupos.

As vantagens do método são a facilidade de interpretação dos resultados, a capacidade de tratar dados categóricos e numéricos e o tratamento automático dos valores em falta. No entanto, existem também desvantagens, como a tendência para o sobretreino (especialmente em grandes volumes de dados) e a instabilidade face a alterações nos dados.

1.4.6 Floresta aleatória

A floresta aleatória é um método de aprendizagem automática que utiliza um conjunto de árvores de decisão para efetuar previsões. Cada árvore é construída com base numa amostra aleatória. As previsões de cada árvore são depois calculadas e obtém-se a previsão final.

As vantagens do método são a sua capacidade de lidar com grandes quantidades de dados, a sua robustez ao sobretreinamento, a sua capacidade de lidar com diferentes tipos de dados (categóricos e numéricos) e a sua capacidade de prever dependências não lineares. No entanto, o método tem desvantagens, nomeadamente pode ser difícil de interpretar devido ao grande número de árvores e pode demorar mais tempo a treinar e a prever em comparação com modelos mais simples.

O método da floresta aleatória é frequentemente utilizado para resolver problemas de regressão, especialmente quando os dados contêm relações não lineares complexas.

1.4.7 Regressão Lasso

A regressão Lasso é uma técnica de regularização na regressão linear que ajuda a reduzir o sobreajuste e a melhorar a generalização do modelo. A regressão Lasso adiciona uma penalização à soma dos valores absolutos dos coeficientes de regressão, ajudando a reduzir a influência de caraterísticas insignificantes.

A ideia básica da regressão Lasso é minimizar a soma dos quadrados dos erros de previsão do modelo e a soma dos valores absolutos dos coeficientes com o fator de regularização X adicionado. A seleção do valor correto de X permite encontrar um equilíbrio entre a minimização do erro e a redução do número de parâmetros desnecessários.

A utilização da regressão Lasso permite que as caraterísticas insignificantes sejam excluídas do modelo porque alguns dos coeficientes das caraterísticas são anulados. Isto torna a regressão Lasso uma ferramenta útil para selecionar caraterísticas e melhorar a interpretabilidade do modelo.

O modelo de regressão Lasso pode ser representado como:

$$L = minimize(\sum_{i=1}^{n}(y_i - \hat{y}_i)^2 + \lambda\sum_{j=1}^{p}|w_j|) \tag{1.3}$$

y_i $\hat{y}_i$ w_j λ-em que L é o modelo Lasso, n número de observações, *p é o* número de caraterísticas, é o valor real da variável dependente para i-ro observação, é o valor previsto da variável dependente para i-ro observação, é o coeficiente na j-ésima caraterística, é o fator de regularização.

A regressão Lasso (1.3) é amplamente utilizada para lidar com dados que têm um grande número de caraterísticas e quando é necessário selecionar as mais importantes.

1.4.8 Bufagem em gradiente

O gradient bousting é uma técnica de aprendizagem automática que utiliza um conjunto de modelos fracos para previsão, que corrigem os erros dos modelos anteriores.

Cada modelo subsequente é treinado com base nos erros dos modelos anteriores e melhora as previsões. Para este efeito, é utilizada a descida do gradiente, que minimiza a função de perda do modelo [10, p. 343].

O Gradient Bousting, devido à sua elevada precisão de previsão, é um dos métodos de aprendizagem automática mais populares.

1.4.9 O método dos vizinhos mais próximos (k-nearest neighbours)

O método dos k-vizinhos mais próximos é um algoritmo de aprendizagem automática baseado no princípio da proximidade dos objectos. Atribui um novo objeto à classe a que pertence a maioria dos seus k vizinhos mais próximos. O método é utilizado para classificação e regressão.

Princípio do método dos vizinhos mais próximos (k-nearest neighbours):

1. k vizinhos são selecionados;
2. é calculada a distância do objeto recentemente selecionado a todos os objectos da amostra de treino;
3. k objectos com a distância mínima são selecionados;
4. o novo objeto pertence à classe a que pertence a maioria dos k vizinhos mais próximos.

O método dos k-vizinhos mais próximos é fácil de implementar, mas tem um fraco desempenho em grandes amostras devido à necessidade de calcular as distâncias a todos os objectos na amostra de treino. Para evitar o sobretreino ou o subtreino do modelo, é necessário escolher o valor correto do parâmetro k.

1.4.10 Método do vetor de referência

O método do vetor de suporte é um algoritmo de aprendizagem automática que procura um hiperplano ótimo que divide os dados em duas classes. O hiperplano é escolhido de forma a maximizar a distância entre ele e os pontos mais próximos de cada classe (vectores de apoio). Este método é utilizado para tarefas de classificação e regressão.

As vantagens do método são a boa generalização, a eficiência no tratamento de grandes volumes de dados e a capacidade de controlar a complexidade do modelo utilizando o parâmetro de regularização. No entanto, também tem desvantagens, como a complexidade da afinação dos parâmetros e a exigência de recursos computacionais.

1.4.11 Modelo perseptrão multicamada

Um perseptron multicamada é um tipo de rede neuronal artificial constituída por várias camadas de neurónios, incluindo uma camada de entrada, camadas ocultas e uma camada de saída. Cada neurónio de uma camada está ligado a cada neurónio da camada seguinte através de pesos que determinam a força da ligação entre os neurónios.

Este modelo pode ser utilizado para resolver problemas de classificação, regressão ou aproximação de funções. O treino é efectuado através do ajuste dos pesos dos neurónios utilizando algoritmos de retropropagação de erros.

O perseptron multicamada é um dos tipos de redes neuronais mais difundidos. É uma ferramenta eficaz para processar dados complexos e resolver uma variedade de problemas de aprendizagem automática.

1.5 Conclusão do capítulo 1

Cada um dos métodos de aprendizagem automática acima referidos tem as suas próprias caraterísticas e é utilizado para diferentes fins, consoante a tarefa em causa e os dados disponíveis.

No sector dos táxis, os modelos de aprendizagem automática podem analisar grandes quantidades de dados e identificar padrões que ajudam a prever o custo de uma viagem com elevada precisão.

Para prever o custo das viagens de táxi, o método de aprendizagem automática com um professor é o mais adequado. Uma vez que o custo da viagem é uma regressão, podem ser utilizados para a previsão a regressão linear, a regressão polinomial, a descida gradiente estocástica, a árvore de decisão, a floresta aleatória, o gradient bousting, o modelo lasso, o método dos vizinhos mais próximos (k-nearest neighbours) e o modelo perseptron multicamadas.

CAPÍTULO 2

PRÉ-PROCESSAMENTO E ANÁLISE DE DADOS

2.1 Pré-processamento dos dados iniciais

As viagens de táxi amarelo para o ano 2023 são utilizadas para prever o custo das viagens de táxi. "Os táxis amarelos estão autorizados a recolher passageiros em toda a cidade, mas circulam efetivamente em Manhattan.

2.1.1 Descrição dos dados iniciais

Os dados utilizados no presente documento foram recolhidos e fornecidos à Taxi and Limousine Commission of New York (TLC) por fornecedores de tecnologia contratados ao abrigo dos Taxi Passenger Transportation and Livery Enhancement Programmes (TPEP/LPEP)[3].

A tabela que inclui todas as viagens anuais de táxi amarelo na cidade de Nova Iorque para 2023 é composta por 18 campos (critérios) e inclui mais de 24.000.000 de viagens (ver Tabela 2.1).

Quadro 2.1 Descrição dos dados iniciais

Nome do campo	Descrição
VendedorlD	Código, indicando o fornecedor de TPEP, que forneceu a gravação. 1= Creative Mobile Technologies, LLC; 2= VeriFone Inc.
tpep pickup datetime	A data e a hora em que o contador foi ligado.
tpep_dropoff_datetime	A data e a hora em que o contador foi desligado.
Número de passageiros	O número de passageiros no veículo. O valor é introduzido pelo condutor.
Nome do campo	Descrição
Distância da viagem	A distância percorrida em milhas indicada pelo taxímetro.
PULocationlD	TLC Zona de táxi em que o taxímetro foi ligado
DOLocalizaçãolD	TLC Zona de táxis onde o taxímetro foi desativado
TaxaCodelD	O código de tarifa da viagem válida. 1= Taxa normal 2= viagens entre os bairros da cidade de Nova Iorque e o

	aeroporto John F. Kennedy 3= viagens entre os bairros da cidade de Nova Iorque e o aeroporto de Newark 4= Condados de Nassau e Westchester 5=Tarifa contratual 6=Viagem em grupo
Bandeira_de_armazenamento_e_deslocação	Indica se o registo de viagem foi armazenado na memória do veículo antes de ser enviado ao fornecedor. = Y guardado e reencaminhado = N não guardado ou reencaminhado
Tipo de pagamento	Um código que indica a forma como o passageiro pagou a viagem. 1= Cartão de crédito 2= Dinheiro 3= Livre 4= Valor do contrato 5= Desconhecido 6= Viagem cancelada
Valor da tarifa	Tarifa baseada no tempo e na distância calculada com um contador.
Extra	Vários serviços adicionais e sobretaxas. Estes incluem apenas taxas de hora de ponta de $0,50 e $1 por noite.
MTA_tax	Imposto de $0,50 por ano, que é automaticamente avaliado com base na taxa de desconto utilizada.
Sobretaxa de melhoria	Taxa de melhoria adicional de $0,30 ou $1,00 por viagem.
Nome do campo	Descrição
Montante da gorjeta	Valor da gorjeta. Este campo é preenchido automaticamente para as gorjetas de cartão de crédito e as gorjetas em dinheiro não estão

	incluídas.
Montante das portagens	O montante total de todas as taxas pagas para a viagem.
Total_amount	Montante total cobrado aos passageiros. Gorjetas incluídas.
Sobretaxa_de_congestionamento	Montante total cobrado por viagem como portagem na cidade de Nova Iorque
Taxa de aeroporto	US$ 1,25 por transferência. Válido apenas nos aeroportos La Guardia e John F. Kennedy

Neste momento, os dados não podem ser analisados e utilizados para a aprendizagem automática porque faltam alguns valores e estão presentes dados incorrectos. Por conseguinte, é necessário processar os dados.

2.1.2 Ler os dados brutos

Os dados utilizados neste trabalho são 12 ficheiros parquet, cada um contendo informação sobre as viagens do mês correspondente. Cada ficheiro é uma tabela com 18 colunas (critérios) e cerca de 2.000.000 de linhas (registos de viagens). Python usa a função parquet_read para ler os dados do parquet.

É possível processar os dados de várias formas:

- processando cada ficheiro separadamente;
- processamento de um quadro combinado com dados para todo o ano.

O processamento de cada ficheiro separadamente demora muito tempo e não é o melhor, pois podem perder-se alguns dados. Por conseguinte, neste caso, é preferível reunir 12 quadros num só e analisar o quadro anual.

Após a fusão dos ficheiros, a tabela contém 24.649.091 linhas. Tabelas tão volumosas dificultam a preparação e o processamento de dados, pelo que é necessário simplificá-las primeiro e depois levá-las para o trabalho.

2.1.3 Otimização dos tipos de dados

Ao carregar dados para Python usando Pandas, os tipos são definidos automaticamente. No entanto, em muitos casos, o tipo de saída não é optimizado. Além disso, se uma coluna numérica contiver valores em falta, o tipo calculado automaticamente será float. Por conseguinte, é necessário otimizar os tipos de dados.

Após examinar o conjunto de dados, verificou-se que a tabela contém os seguintes tipos de dados:

- Objeto (store_and_fwd_flag);
- Int64 (VendorID, passenger_count, código de tarifaID, PULocationID, DOLocationID e payment_type);

- Float64 (trip_distance, fare_amount, extra, mta_tax, tip_amount, tolls_amount, improvement_surcharge, e total_amount, congestion_surcharge e airport_fee);
- Datetime64 (tpep_pickup_datetime e tpep_dropoff_datetime).

Para reduzir a memória, os dados do tipo int64 foram convertidos para o tipo int16 e os dados do tipo float64 para float32. Após a conversão, as tabelas ocupam 3 vezes menos memória e podem ser trabalhadas.

2.1.4 Eliminar as lacunas da tabela

Muitas vezes, grandes quantidades de dados preparados para trabalhos posteriores têm lacunas. Para poder utilizar algoritmos de aprendizagem automática que criam modelos com base nestes dados, na maioria dos casos, estas lacunas têm de ser preenchidas.

Os dados em falta podem ser substituídos por valores numéricos específicos ou por valores de funções matemáticas. Para o efeito, pode utilizar o método fillna(). Este método não modifica a estrutura, devolve um DataFrame criado com base num existente, com os valores NaN substituídos pelos valores passados como argumento.

Ao verificar o quadro, verificou-se que faltavam valores nas colunas passenger_count, RatecodelD, congestion_surcharge e airport_fee. Os valores em falta foram substituídos por valores medianos utilizando a função midian().

2.1.5 Obtenção de novas caraterísticas

Uma das etapas mais importantes do pré-processamento de dados é a aquisição de novas caraterísticas.

Sabe-se que, durante as horas de ponta, os agregadores de táxis em linha introduzem multiplicadores de viagens para incentivar os taxistas disponíveis a efectuarem viagens nas zonas onde a procura é maior. Quando a procura diminui e há mais carros disponíveis numa zona, o fator de ajustamento ascendente é primeiro reduzido e depois eliminado. Assim, para prever o custo de um táxi, é necessário determinar a hora e a data de início da viagem.

A duração do trajeto é um dos atributos mais importantes na determinação do custo de uma viagem de táxi.

Por conseguinte, foram obtidas novas caraterísticas a partir dos valores de tpep_pickup_datetime e tpep_dropoff_datetime:

- trip_duration - duração da viagem em minutos (de 0 a 59 minutos);
- pickup_hour - a hora de início da viagem (de 0 a 23 horas);
- dia_da_semana - o dia da semana em que a viagem começou (1 - segunda-feira, 2 - terça-feira, 3 - quarta-feira, 4 - quinta-feira, 5 - sexta-feira, 6 - sábado, 0 - domingo);
- mês - mês de início da viagem (1 - janeiro, 2 - fevereiro, 3 - março, 4 - abril,

5 - maio, 6 - junho, 7 - julho, 8 - agosto, 9 - setembro, 10 - outubro, 11 - novembro, 12 - dezembro).

2.1.6 Remoção de emissões

Um outlier é um item ou objeto de dados que difere significativamente do resto dos objectos (ditos normais). Podem ser causados por erros de medição ou de execução. Por outras palavras, os outliers são valores demasiado grandes ou demasiado pequenos em relação a outros dados.

Nos registos de viagens de táxi, os valores atípicos ocorrem com bastante frequência, em resultado de avarias no taxímetro e no equipamento, erro humano, aleatoriedade ou apenas fenómenos únicos.

A remoção de valores anómalos é um passo importante na preparação de dados para a aprendizagem automática. Uma vez que os valores anómalos e as várias anomalias representam valores completamente diferentes e fortemente divergentes, a sua presença pode levar a um treino excessivo ou a um modelo menos eficiente.

Existem diferentes métodos para calcular as emissões:

- método gráfico (elaboração de gráficos onde se pode ver o desvio em relação à norma);
- Método da pontuação Z (procura do grau de desvio dos dados em relação à média da amostra em desvios-padrão; os valores anómalos são dados para os quais o valor da pontuação Z excede o valor limite);
- método do intervalo interquartil (a diferença entre os quartis superior e inferior dos dados);
- Método dos quantis da distribuição normal (se os dados tiverem uma distribuição normal, os valores fora do intervalo [-3o, 3o] são inferiores a 0,3% do número total de observações e podem ser considerados aberrantes).

Escolhi o método do intervalo interquartil (IQR) para limpar os dados. Este método consiste em encontrar a diferença entre o primeiro (percentil 25) e o terceiro (percentil 75) quartil do conjunto de dados.

As emissões são valores que estão fora do intervalo [Q1 - 1,5 * IQR, Q3 + 1,5 * IQR], em que IQR é o intervalo interquartil (igual a Q3-Q1).

O intervalo interquartil é normalmente utilizado em estatística para determinar se existem valores atípicos nos dados. Se um valor de dados estiver fora do intervalo interquartil, é considerado um valor atípico.

Este método foi aplicado às colunas extra, trip_distance, trip_duration, tolls_amount e à variável-alvo total_amount.

Para a limpeza dos dados passenger_count, RatecodeID, congestion_surcharge, improvement_surcharge, airport_fee, mta_tax, optou-se por um método gráfico, uma vez que os dados têm uma pequena variação.

2.1.7 Eliminar colunas desnecessárias

Para facilitar a tarefa, é necessário eliminar as colunas que não fornecem informações úteis para a análise e a previsão do custo das viagens de táxi. As colunas seguintes podem ser eliminadas sem prejudicar os dados para a tarefa principal:

- VendorlD. O código que indica o fornecedor que forneceu o registo de atraso não contém informações importantes e não afecta o custo da viagem.
- Store_and_fwd_flag. Para trabalhos futuros, é irrelevante se o registo de viagem foi armazenado na memória do veículo antes de ser enviado ao fornecedor.
- Tipo de pagamento. O tipo de pagamento não afecta o custo da viagem.
- Valor da tarifa. O campo Total_amount é utilizado para treinar a rede neural, pelo que o montante da viagem de acordo com o taxímetro não é importante.
- Tip_amount. A gorjeta é um desejo pessoal do passageiro, pelo que não é tida em conta na análise.
- Tpep_pickup_datetime. Esta coluna pode ser eliminada depois de se obterem os dados necessários sobre a duração, a hora, o dia e o mês da viagem.
- Tpep_dropoff_datetime. Essa coluna pode ser eliminada após a obtenção dos dados necessários sobre a duração da viagem.
- Valor das portagens. Depois de remover os valores anómalos, todos os valores desta coluna passaram a 0. Não contém qualquer informação, pelo que pode ser eliminada.

Assim, após a eliminação de todos os dados desnecessários, restam 15 colunas na tabela.

2.1.8 Codificação de atributos categóricos

A codificação de caraterísticas categóricas é o processo de conversão de dados categóricos em valores numéricos que podem ser utilizados por algoritmos de aprendizagem automática [1]. A codificação de caraterísticas categóricas é um passo importante em qualquer pré-processamento de dados, uma vez que a maioria dos algoritmos de aprendizagem automática só funciona com números.

Existem várias formas de codificar atributos categóricos:

- Codificação de uma só vez (codificação fictícia): cada categoria única é convertida numa coluna binária separada que indica a presença ou ausência dessa categoria;
- Codificação de etiquetas: cada categoria única é convertida num valor numérico;
- Codificação de objectivos: cada valor de categoria é substituído pelo valor médio da variável-alvo para essa categoria.

Os dados processados têm uma coluna com atributos categóricos, RatecodeID (tipo de viagem). Para codificar esta coluna, escolhi o método One-Hot Encoding. Foram criados seis novos atributos, onde 6 é o número de tipos de viagem. Cada novo atributo é uma caraterística binária da n-ésima categoria.

2.1.9 Normalização dos dados

A normalização de dados numéricos é o processo que consiste em colocar os valores numéricos numa gama ou escala específica para os tornar comparáveis e melhorar o desempenho dos algoritmos de aprendizagem automática.

A normalização dos dados numéricos pode melhorar a convergência dos algoritmos de aprendizagem automática, reduzir o impacto dos valores anómalos e simplificar a interpretação dos resultados.

Os métodos mais comuns para normalizar dados numéricos:

- normalização min-max: colocar os valores no intervalo de 0 a 1, subtraindo o valor mínimo e dividindo pela diferença entre os valores máximo e mínimo;
- z-normalização (normalização): transformação de valores de modo a que a média seja 0 e o desvio padrão seja 1;
- normalização robusta: transformação dos valores para que sejam resistentes a valores atípicos, subtraindo a mediana e dividindo pelo intervalo interquartil;
- Normalização logarítmica: transformação de valores através do seu logaritmo;
- Binarização: conversão de valores numéricos em valores binários (0 ou 1) com base num limiar definido;
- normalização do comprimento: transformação de vectores de modo a que o seu comprimento seja igual a 1;
- normalização categórica: conversão de dados categóricos em dados numéricos, atribuindo-lhes valores numéricos únicos;
- Normalização da média: conversão de valores através da subtração da média e da divisão pelo desvio padrão.

O método de normalização (StandardScaler) foi escolhido para os dados a tratar.

2.2 Análise de dados

2.2.1 Visualização do custo por comprimento e distância das deslocações

A viagem de táxi é geralmente efectuada com base num taxímetro. O custo por quilómetro é diferente para todas as empresas. Assim, o preço de uma viagem de táxi depende de dois factores: o comprimento do percurso (Figura 2.1) e o custo por quilómetro na empresa selecionada. Mas o tipo de viagem desempenha um papel importante, porque o mesmo comprimento e distância da viagem podem ter preços completamente diferentes devido à tarifa.

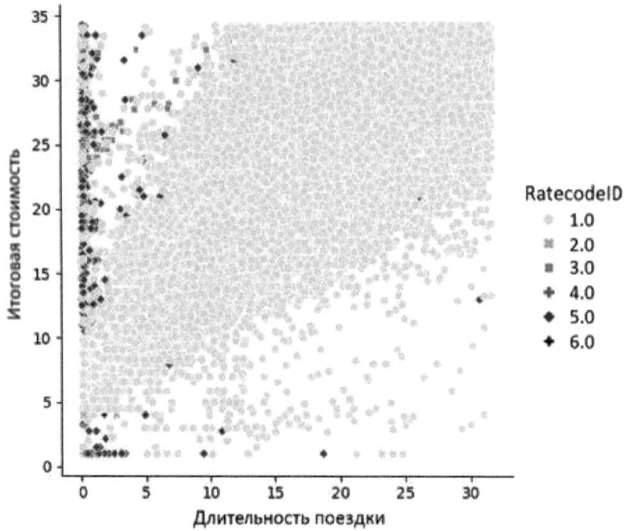

Figura 2.1 Visualização do custo da viagem versus duração por atributo Modelo de taxaD (tipo de viagem)

Verifica-se que o custo aumenta proporcionalmente à duração do trajeto.

2.2.2 Efeito da hora do dia no custo e no número de viagens

O número de viagens por dia é muito variável (Figura 2.2). Isto cria a chamada hora de ponta.

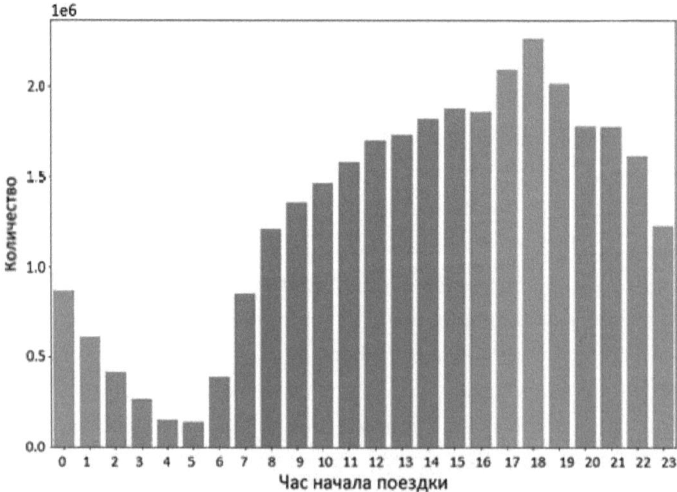

Figura 2.2 Número de trajectos por hora

Verifica-se que a maior procura de táxis ocorre ao fim da tarde (17:00-19:00), quando as pessoas regressam a casa depois do trabalho. A procura mais baixa de táxis verifica-se ao fim da tarde (03:00-05:00).

O custo dos trajectos no mesmo itinerário varia igualmente ao longo do dia (figura 2.3). A diferença do custo dos trajectos é influenciada principalmente pela procura, ou seja, o número de pedidos de táxi.

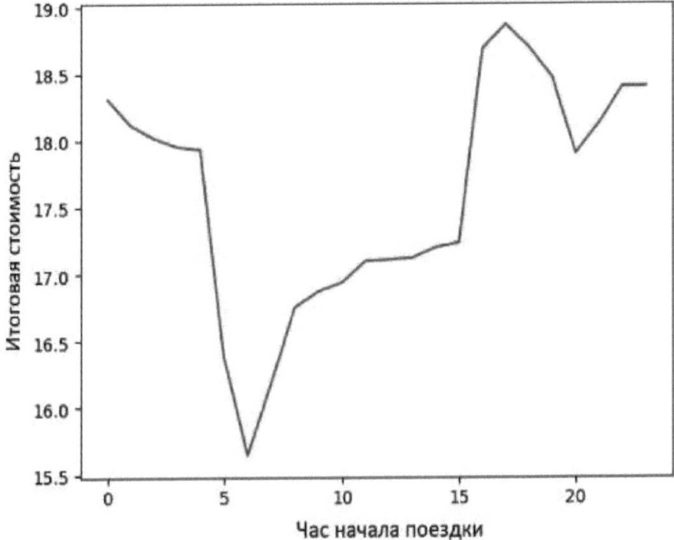

Figura 2.3 Custo das viagens em função da hora de início da viagem

2.2.3 Valores medianos do custo, da distância e da duração da viagem em função do tipo de modelo de taxaD

A representação dos valores medianos do custo, da distância e da duração da viagem ajudará a determinar a dependência destes dados em relação ao tipo de viagem (Figura 2.4).

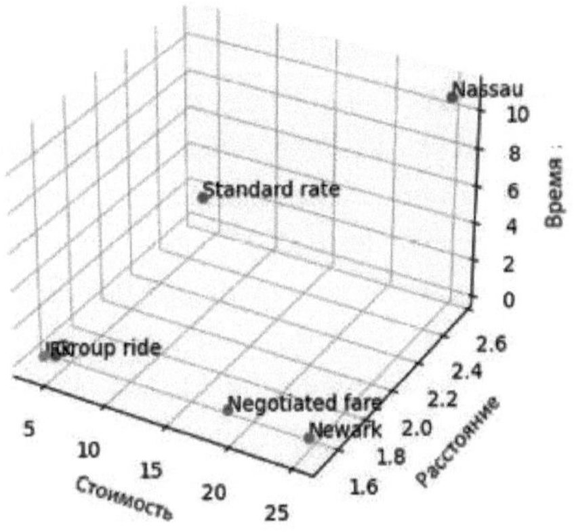

Figura 2.4 Valores medianos do custo, da distância e da duração da viagem por

tipo de modelo de taxa

Podemos concluir que as viagens mais caras são as efectuadas entre os bairros de Nova Iorque e o aeroporto de Newark. As viagens mais baratas são as efectuadas entre os bairros de Nova Iorque e o aeroporto John F. Kennedy.

2.3 Resultado do pré-processamento e análise dos dados

Após o pré-processamento dos dados, a tabela é composta por 18 colunas e mais de 22.000.000 de linhas (Figura 2.5).

0	1	2	3	4	5	6	7	8	9	10
-0.437995	-0.514804	1.087451	1.074225	1.120034	0.023097	0.0124	0.201683	-0.964998	-2.454054	-0.456143
-0.437995	-0.514804	1.102636	1.059964	1.120034	0.023097	0.0124	0.201683	-0.480356	-2.454054	-0.456143
-0.437995	-1.033178	1.087451	1.059964	1.120034	0.023097	0.0124	0.201683	-0.708786	-2.454054	-0.456143
-0.437995	-0.860387	1.087451	-0.180739	-1.161574	0.023097	0.0124	-4.958279	-0.955737	-2.454054	-0.456143
-0.437995	-1.525633	-2.420271	0.418221	-1.161574	0.023097	0.0124	-4.958279	-1.690418	-2.454054	-0.456143
1.562150	-0.843108	-0.036235	-1.364397	-1.161574	0.023097	0.0124	0.201683	-0.662483	1.244473	0.087921
-0.437995	0.029488	-0.339933	-1.050656	-1.161574	0.023097	0.0124	0.201683	-0.708786	1.083667	0.087921
-0.437995	0.331873	1.057081	-0.038129	-1.161574	0.023097	0.0124	0.201683	-0.332185	1.083667	0.087921
-0.437995	0.625618	1.057081	-1.991879	-1.161574	0.023097	0.0124	0.201683	-0.347620	1.244473	0.087921
-0.437995	-1.041818	1.087451	1.074225	-1.161574	0.023097	0.0124	0.201683	-1.353947	1.244473	0.087921

Figura 2.5 Vista da tabela após o pré-processamento

Os métodos de partição aleatória, validação cruzada ou partição temporal são utilizados para dividir os dados em amostras de treino e de teste.

O método mais comum é o particionamento aleatório, em que os dados são divididos em duas amostras de forma aleatória. Normalmente, é utilizado um rácio 70/30 ou 80/20 para as amostras de treino e de teste, respetivamente.

Depois de dividir os dados em amostras de treino e de teste, podemos proceder ao treino do modelo na amostra de treino e avaliar a sua qualidade na amostra de teste.

2.4 Conclusões do Capítulo 2

Uma das etapas mais importantes da aprendizagem automática é o pré-processamento de dados.

O pré-processamento dos dados incluiu a otimização dos tipos de dados, a remoção de omissões nas tabelas, a obtenção de novas caraterísticas, a remoção de valores anómalos, a remoção de colunas redundantes, a codificação de caraterísticas categóricas, a normalização dos dados e a divisão do conjunto de dados em amostras de treino e de teste.

Todas estas etapas ajudam a melhorar a qualidade dos dados, a evitar distorções e resultados incorrectos, a identificar dependências e a selecionar as caraterísticas mais relevantes para a modelização.

CAPÍTULO 3

APRENDIZAGEM AUTOMÁTICA

3.1 Hiperparâmetros e parâmetros do modelo

Os modelos de aprendizagem automática incluem dois tipos de parâmetros: *hiperparâmetros* (externos ao modelo, os valores não podem ser estimados a partir dos dados) e *parâmetros* (internos ao modelo, os valores são estimados a partir dos dados).

Os hiperparâmetros são os parâmetros do modelo que são ajustados antes do início do processo de treino. Determinam a própria estrutura do modelo e a forma como é treinado, e são cruciais para alcançar o seu elevado desempenho e exatidão. Os hiperparâmetros devem ser ajustados para que o modelo possa resolver a tarefa de treino de forma óptima.

Existem várias abordagens para otimizar os hiperparâmetros: GridSearch, RandomizedSearch, otimização Bayesiana, etc.

A abordagem GridSearch consiste em criar uma grelha de hiperparâmetros (são fixados vários valores para cada hiperparâmetro) e treinar/testar o modelo em cada uma das suas combinações possíveis. Esta abordagem efectua uma pesquisa completa de todas as combinações especificadas de hiperparâmetros, mas pode exigir muitos recursos se o número de hiperparâmetros for elevado.

A abordagem RandomizedSearch consiste em criar uma grelha de hiperparâmetros e treinar/testar o modelo apenas com uma combinação aleatória destes hiperparâmetros. Esta abordagem é mais eficiente em termos de tempo, mas pode falhar algumas combinações, possivelmente as melhores.

Devido à grande quantidade de dados em bruto, não é viável utilizar os métodos acima referidos. Por conseguinte, o algoritmo Bayesiano de otimização de hiperparâmetros BayesSearchCV é aplicado com dados de viagens de táxi.

O BayesSearchCV faz parte da biblioteca scikit-optimize, que fornece ferramentas para otimizar modelos de hiperparâmetros.

O BayesSearchCV permite-lhe encontrar os valores óptimos dos hiperparâmetros do modelo, minimizando uma função de perda ou maximizando uma métrica de qualidade num conjunto de dados de treino. Utiliza o algoritmo de otimização Bayesiano para encontrar eficientemente os valores óptimos dos hiperparâmetros.

As vantagens do BayesSearchCV incluem uma pesquisa mais eficiente dos valores óptimos dos hiperparâmetros em comparação com os métodos clássicos, como a pesquisa em grelha ou a pesquisa aleatória. Também se adapta automaticamente aos resultados de iterações anteriores, permitindo uma convergência mais rápida para a solução óptima.

O BayesSearchCV é uma ferramenta poderosa para otimizar os parâmetros dos modelos de aprendizagem automática e é utilizado para diferentes tarefas: classificação, agrupamento de regressão e outras. Ajuda a melhorar a qualidade dos modelos e a acelerar o processo de desenvolvimento e de formação.

Parâmetros do modelo (internos ao modelo) - parâmetros que são alterados e optimizados no processo de treino do modelo, sendo os seus valores finais o resultado do treino do modelo.

De seguida, vamos analisar os métodos de aprendizagem automática implementados na tese.

3.2 Regressão linear

LinearRegression é um método de regressão linear da biblioteca scikit-learn (sklearn) em Python. Este método é utilizado para modelar a relação entre uma ou mais variáveis independentes e a variável dependente, ajustando uma função linear aos dados.

Em LinearRegression, podemos definir os hiperparâmetros fit_intercept (pontuação de interceção, predefinição True), copy_X (cópia X, predefinição True), n_jobs (número de trabalhos utilizados para o cálculo, predefinição None) e positive (se os coeficientes devem ser positivos, predefinição False). Ao procurar hiperparâmetros, verificou-se que a melhor combinação para este modelo é a combinação definida por defeito.

O treino dos dados utilizando o modelo de aprendizagem automática LinearRegression (Figura 3.1) resultou num erro quadrático médio (MSE) de 0,483 e num erro absoluto médio (MAE) de 0,415.

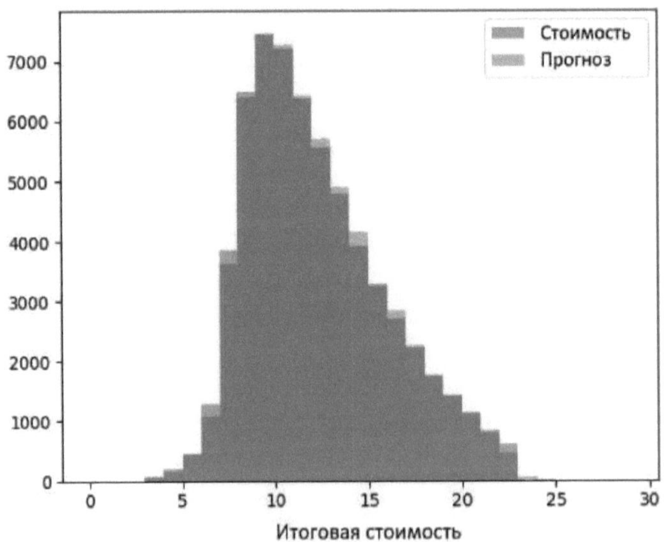

Figura 3.1 Histograma de previsão utilizando o modelo de regressão linear

3.3 Regressão de cumeeira

A regressão de cumeeira é um método de regressão linear com 12 regularizações para evitar o sobreajuste do modelo. Este método é utilizado quando existe multicolinearidade nos dados, ou seja, quando as caraterísticas estão altamente correlacionadas entre si.

Vários parâmetros são introduzidos na classe Ridge, sendo os principais:

- alpha: parâmetro que controla a intensidade da regularização (quanto maior for o alpha, mais forte é a regularização); a predefinição é 1,0 [4];
- fit_intercept: pontuação de interceção, a predefinição é Verdadeiro [4];
- copy_X: copiar X, predefinição Verdadeiro [4];
- max_iter: número máximo de iterações; a predefinição é Nenhum [4];
- tol: exatidão da solução, por defeito 0,0001 [4];
- solver: tipo de solver (auto, svd, cholesky, Isqr, sparse_cg, sag, saga, Ibfgs), a predefinição é auto [4].

O treino dos dados utilizando o método dos mínimos quadrados lineares com L2-peryaapn3aunen Ridge sem hiperparâmetros especificados (Figura 3.2) resultou num erro quadrático médio (MSE) de 0,468 e num erro absoluto médio (MAE) de 0,413.

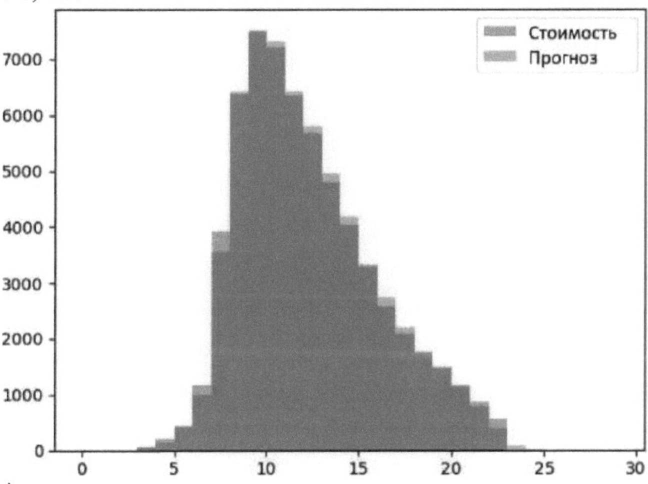

Custo total

Figura 3.2 Histograma de previsão utilizando o modelo de regressão de cumeeira

3.4 Regressão Lasso

O Lasso é um método de regularização linear frequentemente utilizado para a seleção de caraterísticas em modelos de aprendizagem automática. Acrescenta uma penalização à função de perda habitual sob a forma de uma soma dos valores absolutos dos coeficientes do modelo.

Vários parâmetros podem ser submetidos à classe Lasso, os principais são:

- alpha: parâmetro que controla a intensidade da regularização (quanto maior for o alpha, mais forte é a regularização); a predefinição é 1,0 [4];
- fit_intercept: pontuação de interceção, a predefinição é Verdadeiro [4];
- precompute: utilizar a matriz de Gram calculada; a predefinição é Falso [4];
- copy_X: copiar X, predefinição Verdadeiro [4];
- max_iter: número máximo de iterações; a predefinição é 1000 [4];
- tol: exatidão da solução, por defeito 0,0001 [4];
- seleção: atualização do coeficiente (cíclica, aleatória), por defeito cíclica [4].

O treino dos dados utilizando um método linear com regularização l1-Lasso (Figura 3.3) resultou num erro quadrático médio (MSE) de 1,972 e num erro absoluto médio (MAE) de 1,045.

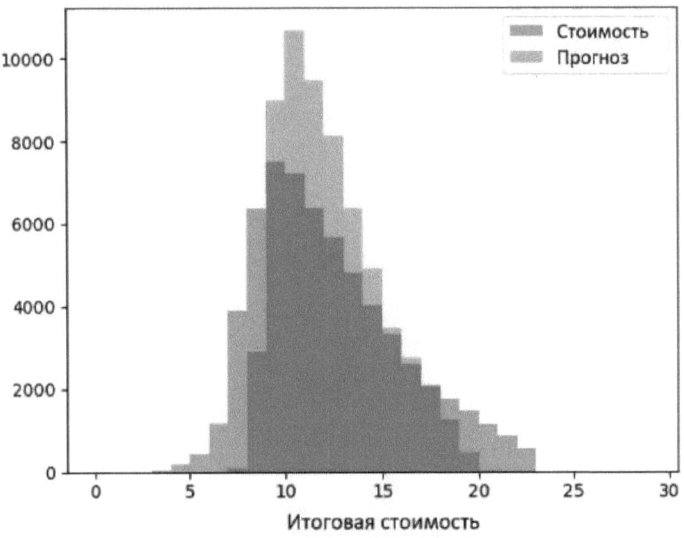

Figura 3.3 Histograma de previsão utilizando o modelo Lasso

3.5 Descida de gradiente estocástica

O SGDRegressor é um modelo de regressão baseado no método de descida de gradiente estocástico. Funciona através da minimização das perdas.

Principais parâmetros do SGDRegressor:

- perda: a função de perda a minimizar (squared_error, huber, epsilon_insensitivity ou squared_epsilon_insensitivity); a predefinição é squared_error [4];
- penalização: define a regularização do modelo para evitar o excesso de

treino (l2, l1, elasticnet, Nenhum), por defeito l2 [4];

- alpha: parâmetro que controla a intensidade da regularização (quanto maior for o alpha, mais forte é a regularização), por defeito 0,0001 [4];
- fit_intercept: pontuação de interceção, a predefinição é Verdadeiro [4];
- max_iter: número máximo de iterações para treinar o modelo; a predefinição é 1000 [4];
- tol: exatidão da solução, por defeito 0,001 [4];
- learning_rate: parâmetro que define a taxa de aprendizagem do algoritmo (constante, óptima, invscaling ou adaptativa), por defeito invscaling [4].

O treino dos dados utilizando o modelo SGDRegressor com os hiperparâmetros especificados (Figura 3.4) resultou num erro quadrático médio (MSE) de 0,470 e num erro absoluto médio (MAE) de 0,414.

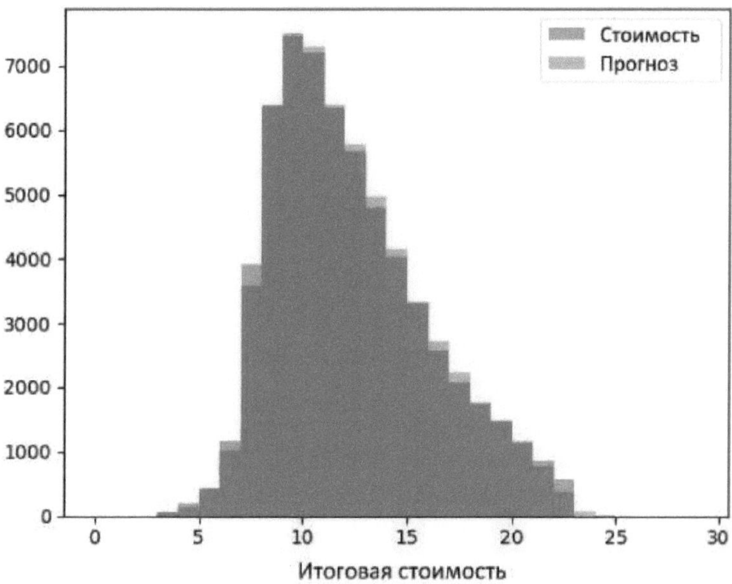

Figura 3.4 Histograma de previsão utilizando o modelo de descida do gradiente estocástico

3.6 Árvore de decisão

O DecisionTreeRegressor é um modelo de aprendizagem automática baseado num algoritmo de árvore de decisão que constrói uma árvore dividindo os dados em subgrupos e prevendo os valores da variável alvo para novas observações.

O DecisionTreeRegressor tem vários parâmetros que podem ser ajustados para melhorar a qualidade do modelo. Estes parâmetros são a profundidade máxima da árvore, o número mínimo de observações numa folha e o critério de divisão. Também é possível utilizar técnicas de pós-processamento, como a poda ou o agrupamento de árvores, para melhorar a capacidade de previsão do modelo.

O treino dos dados utilizando o modelo de aprendizagem automática DecisionTreeRegressor (Figura 3.5) resultou num erro quadrático médio (MSE) de 0,720 e num erro absoluto médio (MAE) de 0,358.

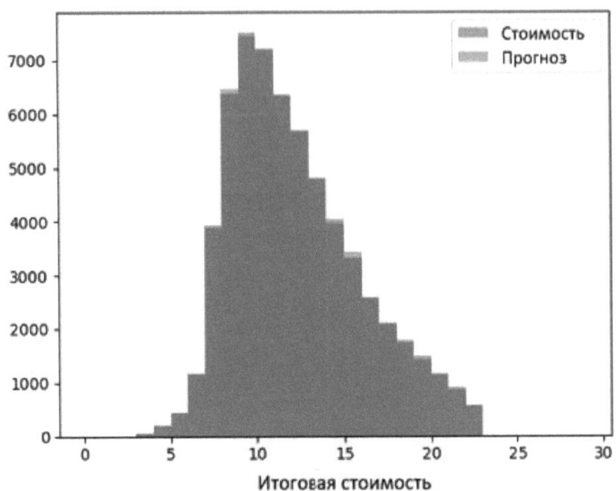

Figura 3.5 Histograma de previsão utilizando o modelo de árvore de decisão

3.7 Floresta aleatória

O RandomForestRegressor é um algoritmo de aprendizagem automática baseado na combinação de um grande número de árvores de decisão para obter uma previsão mais exacta.

funcionamento do RandomForestRegressor consiste em criar um conjunto de árvores de decisão, cada uma delas treinada em uma subamostra aleatória de dados e usando recursos aleatórios. Em seguida, para cada caraterística, o modelo calcula a média das previsões de todas as árvores para produzir uma previsão final.

O treino dos dados utilizando o modelo de aprendizagem automática RandomForestRegressor (Figura 3.6) resultou num erro quadrático médio (MSE) de 0,362 e num erro absoluto médio (MAE) de 0,287.

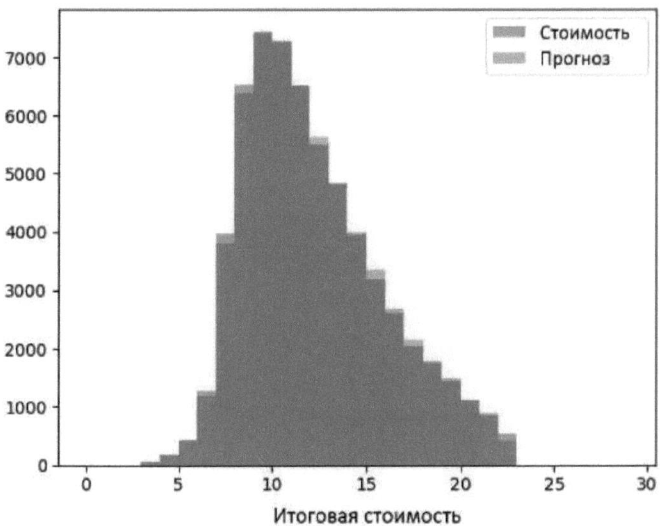

Figura 3.6 Histograma da previsão utilizando o modelo de floresta aleatória

Este modelo apresentou um dos melhores resultados, pelo que vamos tentar melhorá-lo.

Os principais parâmetros que podem ser configurados ao usar o RandomForestRegressor incluem o número de árvores no conjunto (n_estimadores), a profundidade máxima das árvores (max_depth), o número mínimo de objetos na folha (min_samples_leaf) e outros.

=O algoritmo de Bayes determinou que os melhores hiperparâmetros são n_estimators=250, max_depth=15, min_samples_split=10, max_features=10, oob_score True, verbose=250.

O treinamento dos dados usando o modelo RandomForestRegressor com os hiperparâmetros especificados (Figura 3.7) resultou em um erro quadrático médio (MSE) de 0,338 e um erro absoluto médio (MAE) de 0,270.

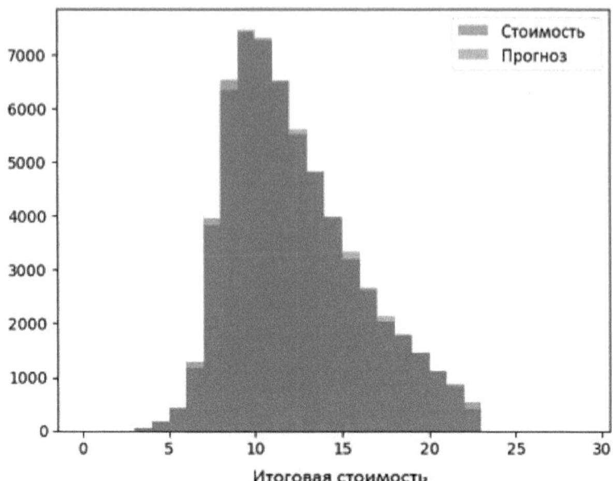

Figura 3.7 Histograma de previsão utilizando um modelo de floresta aleatória com determinados hiperparâmetros

Para testar a previsão, foi ainda traçado um gráfico do custo por cem viagens (Figura 3.8).

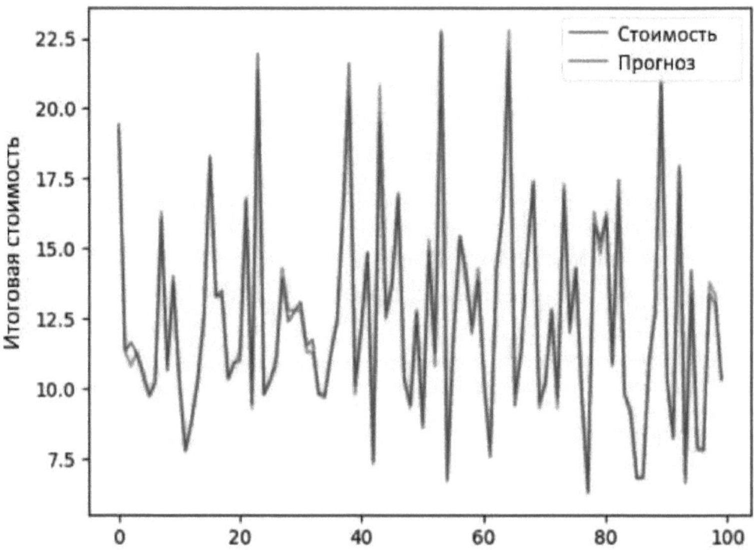

Figura 3.8 Gráfico de previsão de uma centena de viagens utilizando o modelo aleatório

andaime

3.8 Bocados em gradiente

O GradientBoostingRegressor é um método de aprendizagem automática baseado na construção de uma sequência de modelos fracos, cada um dos quais corrige os erros do modelo anterior.

Princípios básicos do funcionamento do GradientBoostingRegressor:

1. inicialização do modelo de base;
2. adicionar o modelo seguinte ao conjunto, minimizando o erro dos modelos anteriores (para o efeito, é utilizada a descida do gradiente);
3. actualizando os pesos de todos os modelos de forma a reduzir o erro de previsão;
4. o processo de adição de novos modelos continua até ser atingido o critério de paragem.

O treino dos dados com o modelo de aprendizagem automática GradientBoostingRegressor (Figura 3.9) resultou num erro quadrático médio (MSE) de 0,360 e num erro absoluto médio (MAE) de 0,306.

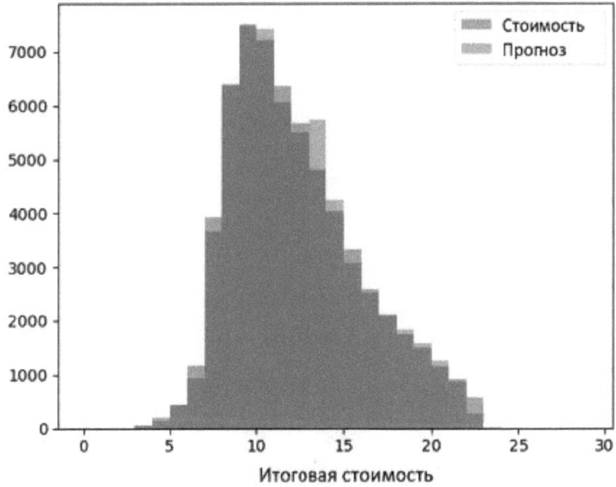

Figura 3.9 Histograma de previsão utilizando o modelo gradient bousting

Este modelo apresentou um dos melhores resultados, pelo que vamos tentar melhorá-lo.

Os principais parâmetros que podem ser configurados quando se utiliza GradientBoostingRegressor:

Eis alguns parâmetros básicos do GradientBoostingRegressor:

- loss: função de perda, por defeito squared_error [4];
- n_estimadores: número de árvores a construir durante o treino; a predefinição é 100 [4];

- learning_rate: taxa de aprendizagem, a predefinição é 0,1 [4];
- max_depth: profundidade máxima de cada árvore de decisão; a predefinição é 3 [4];
- min_samples_split: número mínimo de amostras necessárias para dividir um nó interno da árvore, a predefinição é 2 [4];
- min_samples_leaf: número mínimo de amostras num nó folha, por defeito 1, e outros [4].

O algoritmo Bayes determinou que os melhores hiperparâmetros são loss='huber', learning_rate=0.7, n_estimators=500, min_samples_split=10, min_samples_leaf= 10, verbose=500.

O treino dos dados utilizando o modelo GradientBoostingRegressor com os hiperparâmetros fornecidos (Figura 3.10) resultou num erro quadrático médio (MSE) de 0,343 e num erro absoluto médio (MAE) de 0,261.

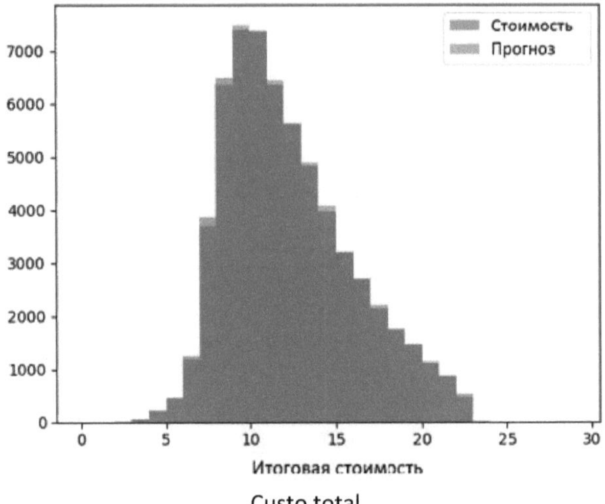

Figura 3.10 Histograma da previsão utilizando o modelo de gradiente modelo bousting com determinados hiperparâmetros

Para testar a previsão, foi ainda traçado um gráfico do custo por cem viagens (Figura 3.11).

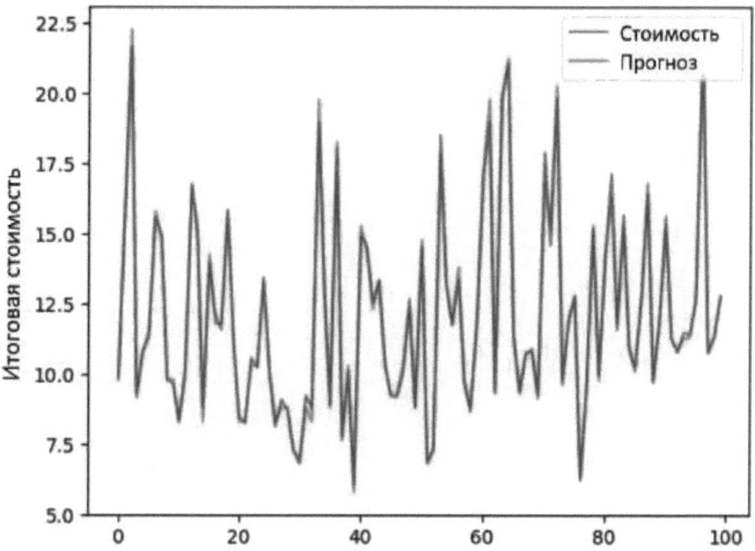

Figura 3.11 Gráfico da previsão de cem viagens utilizando o modelo gradient bousting

3.9 O método dos vizinhos mais próximos (k-nearest neighbours)

KNeighborsRegressor é um modelo de regressão que procura k vizinhos mais próximos para cada ponto no conjunto de dados de teste e calcula a média dos seus valores-alvo para prever o valor da variável-alvo para esse ponto.

Os seguintes parâmetros podem ser definidos para utilizar o KNeighborsRegressor:

- n_neighbors: número de vizinhos mais próximos a utilizar na previsão; a predefinição é 5 [4];
- pesos: pesos que podem ser atribuídos a cada vizinho em função da sua distância ao ponto de previsão (uniforme ou distância), por defeito uniforme [4];
- metric: métrica de distância utilizada para determinar os vizinhos mais próximos; a predefinição é minkowski [4];
- algoritmo: o algoritmo utilizado para calcular os vizinhos mais próximos (auto, ball_tree, kd_tree, brute), por defeito auto, e outros [4].

O treino dos dados utilizando o modelo de aprendizagem automática KNeighborsRegressor (Figura 3.12) resultou num erro quadrático médio (MSE) de 0,434 e num erro absoluto médio (MAE) de 0,358.

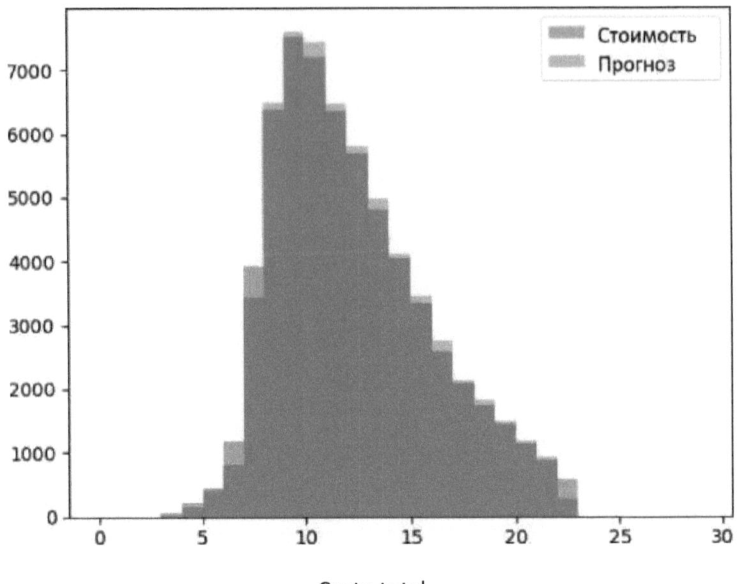

Figura 3.82 Histograma de previsão utilizando o modelo do vizinho mais próximo (k-nearest neighbour)
vizinhos

3.10 Método do vetor de referência

O SVR é um método de aprendizagem automática baseado na otimização de um hiperplano de separação, tendo em conta a largura do intervalo no qual os pontos de dados devem ser localizados.

O treino dos dados utilizando o modelo de aprendizagem automática SVR (Figura 3.13) resultou num erro quadrático médio (MSE) de 0,344 e num erro absoluto médio (MAE) de 0,265.

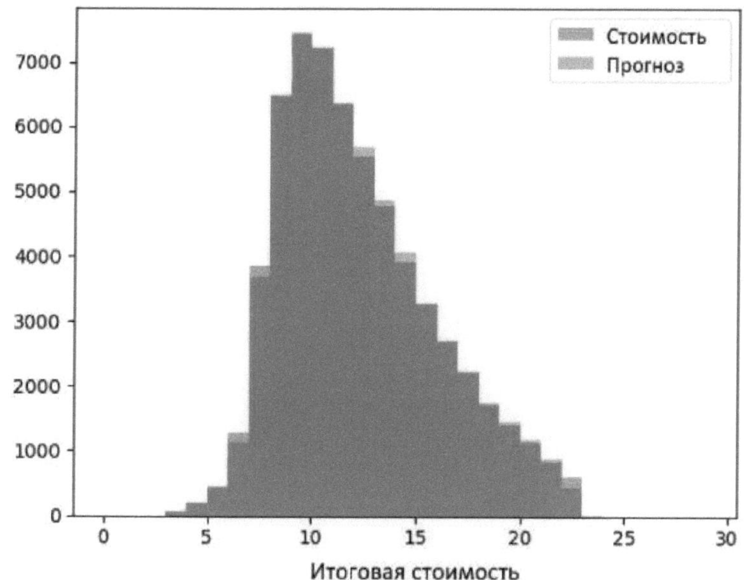

Figura 3.13 Histograma de previsão utilizando o modelo de vetor de apoio

Este modelo apresentou um dos melhores resultados, pelo que vamos tentar melhorá-lo.

No método SVR, existem vários parâmetros que podem ser ajustados para obter um melhor desempenho do modelo:

- C: parâmetro de regularização (valores grandes de C significam intervalos mais estreitos e menor tolerância ao erro nos dados de treino, o que pode levar a um sobreajuste, enquanto valores pequenos permitem que mais pontos estejam dentro do tubo epsilon), por defeito 1 [4];
- epsilon: parâmetro de largura do tubo epsilon, por defeito 0,1 [4];
- kernel: kernel (linear, poli, rbf, sigmoide ou pré-computado), rbf por defeito, e outros [4].

O algoritmo de Bayes determinou que os melhores hiperparâmetros são tol=1e-5, C=16.

O treino dos dados com o modelo GradientBoostingRegressor com os hiperparâmetros dados (Figura 3.14) resultou num erro quadrático médio (MSE) de 0,340 e num erro absoluto médio (MAE) de 0,260.

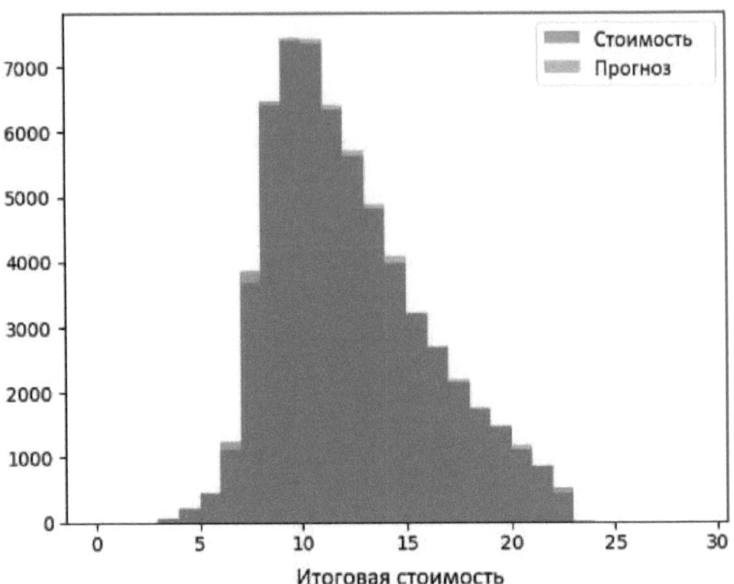

Figura 3.14 Histograma de previsão utilizando o modelo de vetor de suporte com os hiperparâmetros indicados

Para testar a previsão, foi ainda traçado um gráfico do custo por cem viagens (Figura 3.15).

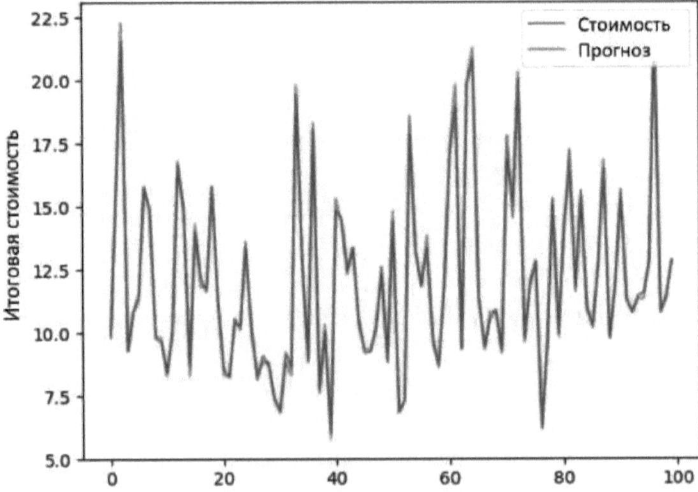

Figura 3.15 Gráfico da previsão de cem viagens utilizando o modelo de vetor de apoio

3.11 Um modelo de um perseptrão multicamada

O MLPRegressor, um modelo de rede neural, é um perceptrão multicamada constituído por várias camadas de neurónios, incluindo uma camada de entrada, camadas ocultas e uma camada de saída. O método de retropropagação de erros é utilizado para treinar o modelo, de modo a minimizar o erro de previsão do modelo.

O treino dos dados utilizando o modelo de aprendizagem automática MLPRegressor (Figura 3.16) resultou num erro quadrático médio (MSE) de 0,341 e num erro absoluto médio (MAE) de 0,274.

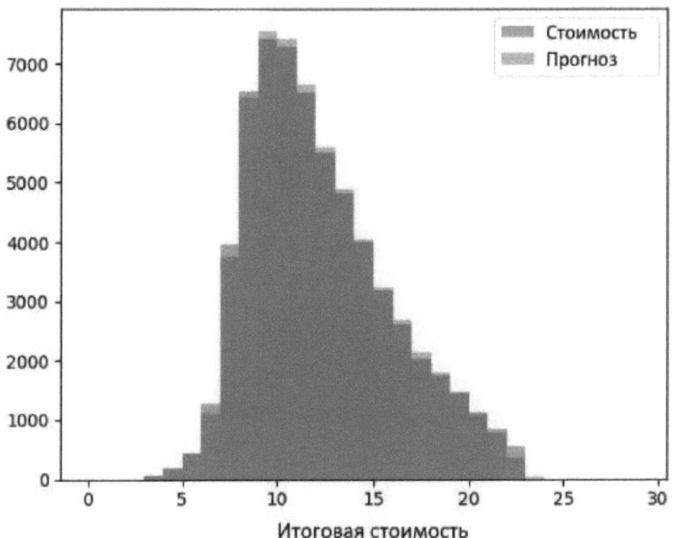

Figura 3.16 Histograma de previsão utilizando o modelo perseptron multicamada

Este modelo apresentou um dos melhores resultados, pelo que vamos tentar melhorá-lo.

Os principais parâmetros que podem ser configurados quando se utiliza o método MLPRegressor:

- hidden_layer_sizes: o número de camadas e o número de neurónios em cada camada da rede neural, por defeito (100,) [4];
- ativação: função de ativação para as camadas ocultas (identidade, logística, tanh ou relu), relu por defeito [4];
- solver: algoritmo para treinar a rede neural (lbfgs, sgd ou adam), por defeito é adam [4];
- alfa: parâmetro de regularização, por defeito 0,0001 [4];
- learning_rate: taxa de aprendizagem da rede neuronal (constante, invscaling ou adaptativa), por defeito constante [4];
- max_iter: número máximo de iterações para treinar o modelo, por

por defeito 200, e outros [4].

O algoritmo de Bayes determinou que os melhores hiperparâmetros são hidden_layer_sizes=(300,150,50,), activation-logistic', solver='adam', max_iter=500.

O treino dos dados com o modelo MLPRegressor com os hiperparâmetros dados (Figura 3.17) resultou num erro quadrático médio (MSE) de 0,331 e num erro absoluto médio (MAE) de 0,269.

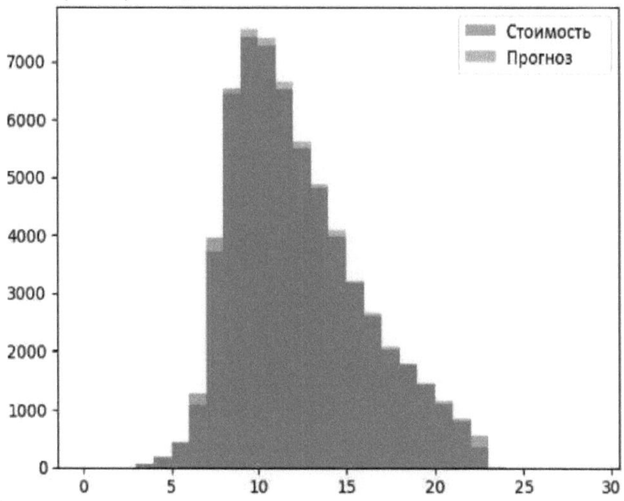

Custo total

Figura 3.17 Histograma de previsão utilizando um modelo perseptrão multicamada com determinados hiperparâmetros

Para testar a previsão, foi ainda traçado um gráfico do custo por cem viagens (Figura 3.18).

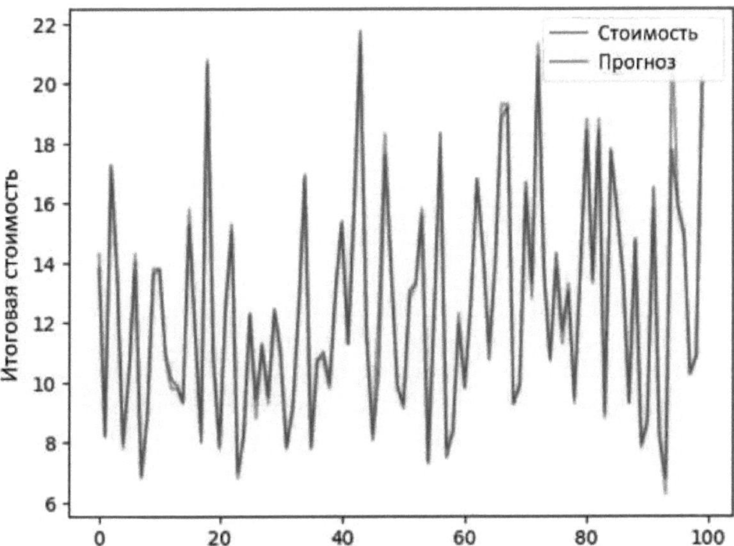

Figura 3.18 Gráfico da previsão de cem viagens utilizando o modelo perseptron multicamada

3.12 Análise comparativa dos modelos

As métricas mais utilizadas para avaliar o desempenho de previsão dos modelos de regressão são o erro médio absoluto (3.1), o erro médio quadrático (3.2) e o coeficiente de determinação (3.3):

$$MAE = \frac{1}{n}\sum_{i=1}^{n} |y_i - y_i^*| \qquad (3.1)$$

$$MSE = \sqrt{\frac{1}{n}\sum_{i=1}^{n} (y_i - y_i^*)^2} \qquad (3.2)$$

$$R^2 = 1 - \frac{\sum_{i=1}^{n} (y_i - y_i^*)^2}{\sum_{i=1}^{n} (y_i - y_i^{**})^2} \qquad (3.3)$$

y_i y_i^* y_i^{**} em que *é o* valor real para a i-ésima observação, é o valor previsto para a i-ésima observação, é a média aritmética de todas as respostas corretas, *n é o* número de observações.

Para melhor avaliar o desempenho dos modelos, é necessário encontrar as métricas acima referidas para cada modelo construído e comparar os seus resultados (Tabela 3.1).

Quadro 3.1 Análise comparativa dos modelos

Modelo/Métrica	*MAE*	*MSE*	R^2

Regressão Linear	0.415	0.483	0.966
Cumeeira	0.413	0.468	0.966
Laço	1.045	1.972	0.858
SGDRegressor	0.414	0.470	0.966
Árvore de decisãoRegressor	0.358	0.720	0.948
RandomForestRegressor	0.270	0.338	**0.976**
GradientBoostingRegressor	0.261	0.343	0.975
RVS	**0.260**	0.340	**0.976**
KNeighborsRegressor	0.358	0.434	0.969
MLPRegressor	0.269	**0.331**	**0.976**

O coeficiente de determinação mede a quantidade de variância nas previsões dos modelos de aprendizagem automática. Esta medida é também referida como uma medida da qualidade do modelo. Quanto mais próximo o valor de R^2 for de um, melhor o modelo explica os dados e, inversamente, se o valor for próximo de zero, as previsões são uma previsão constante.

Todos os modelos apresentaram bons resultados. O modelo de vetor de apoio (SVR) apresentou o erro absoluto médio mais baixo, o modelo perseptron multicamadas (MLPRegressor) apresentou o erro quadrático médio mais baixo e o coeficiente de determinação foi o melhor para os modelos RandomForestRegressor, SVR e MLPRegressor.

3.13 Conclusão do capítulo 3

Foram investigadas a regressão linear e a regressão de cumeeira, a regressão Lasso, a descida de gradiente estocástica, a árvore de decisão, a floresta aleatória e os métodos de gradiente de bousting, os métodos de vetor de apoio, os vizinhos mais próximos e o modelo perseptron de várias camadas.

Para os dados relativos às viagens de táxi, os modelos de floresta aleatória, gradient bousting, método do vetor de apoio e perseptron multicamadas fornecem as melhores previsões. Isto pode dever-se ao facto de o custo das viagens depender de vários factores que, quando combinados de diferentes formas, dão origem a diferentes custos de uma viagem. Os outros modelos também apresentam bons resultados.

Foram selecionados hiperparâmetros para quatro modelos com maior precisão de previsão (RandomForestRegressor, GradientBoostingRegressor, SVR e MLPRegressor). O modelo SVR (método do vetor de suporte) apresentou o melhor resultado, mas este modelo requer um elevado desempenho informático.

CONCLUSÃO

No decurso da tese, foram investigados vários métodos para resolver o problema da regressão relacionado com a construção de modelos de aprendizagem automática: regressão linear, regressão de cumeeira, regressão polinomial, regressão Lasso, descida gradiente estocástica, árvore de decisão, floresta aleatória, gradient bousting, método do vetor de apoio, método dos vizinhos mais próximos (k-nearest neighbours) e modelo perseptron multicamadas.

Os dados brutos foram analisados de forma inteligente e pré-processados para posterior aprendizagem automática.

O resultado foram modelos treinados no conjunto de dados original. A qualidade dos modelos foi avaliada pelas funções de perda MSE e MAE.

Os resultados revelaram que os melhores métodos de aprendizagem automática para prever o custo das viagens de táxi são o Random Forest, o Gradient Bousting, o Support Vetor Method e o Multilayer Perseptron Model. Após o ajuste dos hiperparâmetros, o erro absoluto médio foi de 0,26 e o erro RMS foi de 0,33.

LISTA DE REFERÊNCIAS

1. 4BRAIN. Aula 3: Processamento de dados para aprendizado de máquina [Recurso eletrônico]. recurso]. - Modo Acesso: https://4brain.ru/aibasics/data.php7ysclidHvldcddgx572100754. Data de acesso - 28.04.2024
2. PYTHONIST. As 8 melhores bibliotecas Python para aprendizagem automática e inteligência artificial [Recurso eletrónico] - Modo de acesso: https://pythonist. =ru/top-8-bibliotek-python-dlya-mashinno go-obucheniya-i-iskusstvennogo-intellekta/?ysclid lvjfdiinpv730615971. Data de acesso - 22.04.2024
3. 1.TLC Trip Record Data [Recurso Eletrónico] - Modo de Acesso: https://www nyc.gov/site/tlc/about/tlc-trip-record-data.page . Data de acesso - 02.04.2024
4. Scikit-learn. Machine learning in Python [Recurso eletrônico] - Modo de acesso: https://scikit-learn.org/stable/index.html . Data de acesso - 08.05.2024
5. Grande Enciclopédia Russa. Grebnevaia regression [Recurso eletrónico] - Modo de acesso: https: //bi genc. ru/c/grebnevaia-regressiia-9aa84b. Data de acesso - 16.04.2024
6. Goodfellow, J., Bengio, I., Courville, A. Deep Learning. 2ª ed., revista. - Moscovo: DMK Press, 2018.
7. Marous A. ANÁLISE INTELIGENTE DOS DADOS ESTATÍSTICOS DAS DESLOCAÇÕES EM TÁXI, 2023
8. Shafrin Y. Tecnologias da informação: em 2 partes / Y. Shafrin. - Moscovo: Binom, Laboratório do Conhecimento, 2004. - Parte 1. Fundamentos da informática e das tecnologias da informação.- Modo acesso: http: //intsys.msu.ru/staff/mironov/machine learning vol 1.pdf. Data de acesso - 24.04.2024
9. Watt, D., Borhani, R., Katsaggelos, A. Machine learning: fundamentals, algorithms and application practice. - S.-Pb.: BHV-Peterburgo, 2022.
10. Flach, P. Machine Learning. A ciência e a arte de construir algoritmos que extraem conhecimento dos dados. - Moscovo: DMK Press, 2015.
11. O que é a aprendizagem por transferência? [Recurso eletrónico] - Modo de acesso: https://aws.amazon.com/ru/what-is/transfer-learning/ . Data de acesso - 28.05.2024

Código do programa

Abaixo está o código para o trabalho em Python

```
import pandas as pd

import numpy as np

import glob

import random

import seaborn as sns

import matplotlib.pyplot as plt

import scipy.stats as stats

from sklearn.preprocessing import OneHotEncoder

from sklearn.preprocessing import StandardScaler

from sklearn.model_selection import train_test_split

from sklearn.linear_model import LinearRegression

from sklearn.linear_model import Ridge

from sklearn.linear_model import SGDRegressor

from sklearn.linear_model import Lasso

from sklearn.preprocessing import PolynomialFeatures

from sklearn.tree import DecisionTreeRegressor

from sklearn.ensemble import RandomForestRegressor

from sklearn.ensemble import GradientBoostingRegressor

from sklearn.neighbors import KNeighborsRegressor

from sklearn.svm import SVR

from sklearn.neural_network import MLPRegressor

from sklearn.preprocessing import PowerTransformer,
QuantileTransformer
```

```
from skopt import BayesSearchCV
from sklearn.metrics import mean_absolute_error, mean_squared_error
from sklearn.model_selection import cross_val_predict, cross_val_score, RandomizedSearchCV, Kfold


files = glob.glob(r"\*.parquet")
list = []
for filename in files:
    df = pd.read_parquet(filename)
    list.append(df)


data = pd.concat(list, axis=0, ignore_index=True)


data.head()
data.info()
data.isnull().sum()
```

Código de pré-processamento de dados

```
data['airport_fee'].fillna(data['airport_fee'].median(), inplace = True)
data['passenger_count'].fillna(data['passenger_count'].median(), inplace = True)
data['RatecodeID'].fillna(data['RatecodeID'].median(), inplace = True)
data['congestion_surcharge'].fillna(data['congestion_surcharge'].median(), inplace = True)


data['total_amount']=data['total_amount']-data['tip_amount']
data['trip_duration'] = (data['tpep_dropoff_datetime']-data['tpep_pickup_datetime'])/np.timedelta64(1, 'm')
```

```
data['pickup_hour'] = data['tpep_pickup_datetime'].dt.hour
data['day_of_week'] = data['tpep_pickup_datetime'].dt.weekday
data['month'] = data['tpep_pickup_datetime'].dt.month

data.drop({'VendorID','tpep_pickup_datetime','tpep_dropoff_datetime'
,'store_and_fwd_flag','payment_type','fare_amount','tip_amount','tolls_am
ount','Airport_fee'}, axis=1, inplace = True)

data.isnull().sum()
columns = data.columns.values
for col in columns:
    print(col,len(data[col].unique()))

data['passenger_count'].value_counts()
data['passenger_count'].values[data['passenger_count'] < 1] =
data['passenger_count'].median()

data['RatecodeID'].value_counts()
data['RatecodeID'].values[data['RatecodeID'] > 6] =
data['RatecodeID'].median()

data['congestion_surcharge'].value_counts()
data['congestion_surcharge'].values[data['congestion_surcharge'] <
0] = data['congestion_surcharge'].median()
data = data.loc[(data['congestion_surcharge']==0.00) |
(data['congestion_surcharge']==2.50)]

data['improvement_surcharge'].value_counts()
data['improvement_surcharge'].values[data['improvement_surcharge'] <
0] = data['improvement_surcharge'].median()
```

```
data['airport_fee'].value_counts()
data['airport_fee'].values[data['airport_fee'] < 0] = data['airport_fee'].median()

data['mta_tax'].value_counts()
data['mta_tax'].values[data['mta_tax'] < 0] = data['mta_tax'].median()
data = data.loc[(data['mta_tax']==0.5) | (data['mta_tax']==0)]

normalization = ['extra', 'trip_distance', 'trip_duration', 'total_amount']
for par in normalization:
        data[par].value_counts()
        data[par].values[par] < 0] = data[par].median()
        Q1 = data[par].quantile(0.25)
        Q3 = data[par].quantile(0.75)
        IQR = Q3 - Q1
        lower = Q1 - 1.5*IQR
        upper = Q3 + 1.5*IQR
        data = data.loc[(data[par]>=lower) & (data[par]<=upper)]
        data = data.loc[data[par]>0]

X = data.drop(columns=['total_amount'])
encoder = OneHotEncoder()
ratecode = encoder.fit_transform(data[['RatecodeID']]).toarray()
ratecode = pd.DataFrame(ratecode)
ratecode = ratecode.rename(columns = {0 : 1, 1 : 2, 2 : 3, 4 : 5, 5 : 6})
data = pd.concat([data, ratecode], axis=1)
data.drop({'RatecodeID'}, axis=1, inplace = True)
X = pd.get_dummies(X,columns=['RatecodeID'])
obj = StandardScaler()
X = obj.fit_transform(X)
y = data["total_amount"].values
X_train, X_test, y_train, y_test = train_test_split(X, y, test_size = 0.003)
```

Código de análise de dados

```
%matplotlib inline

sns.relplot(y='total_amount', x='trip_duration', data=data[::100],
hue='RatecodeID', style='RatecodeID')


fig,ax1 = plt.subplots(figsize=(15,10))

ax = sns.countplot(x='pickup_hour', data=data, ax=ax1)


med_amount = data.groupby(['RatecodeID'])['total_amount'].median()

med_distance =
data.groupby(['RatecodeID'])['trip_distance'].median()

med_duration =
data.groupby(['RatecodeID'])['trip_duration'].median()


fig = plt.figure()

ax = fig.add_subplot(projection='3d')

fare = med_amount.values;

minutes = med_distance.values;

distance = med_duration.values;

lables = ["Standard rate","JFK", "Newark", "Nassau or
Westchester","Negotiated fare", "Group ride"];

for i in range(6):

    ax.scatter(fare[i], minutes[i], distance[i])

  ax.text(fare[i], minutes[i], distance[i], lables[i])


ax.set_xlabel('fare')

ax.set_ylabel('distance')

ax.set_zlabel('minutes')

plt.show()
```

Código para trabalhar com métodos de aprendizagem automática

```
model = LinearRegression().fit(X_train,y_train)
y_pred = model.predict(X_test)
print(mean_absolute_error(y_test, y_pred))
print(mean_squared_error(y_test, y_pred))
plt.hist(y_test, bins=np.arange(0, 30), alpha=0.3, color='blue', label='y')
plt.hist(y_pred, bins=np.arange(0, 30), alpha=0.3, color='red', label='y_prediction')
plt.legend(loc='upper right')
plt.xlabel('total_amount')
plt.show()

model = Ridge().fit(X_train, y_train)
y_pred = model.predict(X_test)
print(mean_absolute_error(y_test, y_pred))
print(mean_squared_error(y_test, y_pred))
plt.hist(y_test, bins=np.arange(0, 30), alpha=0.3, color='blue', label='y')
plt.hist(y_pred, bins=np.arange(0, 30), alpha=0.3, color='red', label='y_prediction')
plt.legend(loc='upper right')
plt.xlabel('total_amount')
```

```
plt.show()

model = Lasso().fit(X_train, y_train)
y_pred = model.predict(X_test)
print(mean_absolute_error(y_test, y_pred))
print(mean_squared_error(y_test, y_pred))
plt.hist(y_test, bins=np.arange(0, 30), alpha=0.3, color='blue', label='y')
plt.hist(y_pred, bins=np.arange(0, 30), alpha=0.3, color='red', label='y_prediction')
plt.legend(loc='upper right')
plt.xlabel('total_amount')
plt.show()

model = SGDRegressor(learning_rate='adaptive').fit(X_train, y_train)
y_pred = model.predict(X_test)
print(mean_absolute_error(y_test, y_pred))
print(mean_squared_error(y_test, y_pred))
plt.hist(y_test, bins=np.arange(0, 30), alpha=0.3, color='blue', label='y')
plt.hist(y_pred, bins=np.arange(0, 30), alpha=0.3, color='red', label='y_prediction')
plt.legend(loc='upper right')
plt.xlabel('total_amount')
plt.show()

model = DecisionTreeRegressor().fit(X_train, y_train)
y_pred = model.predict(X_test)
print(mean_absolute_error(y_test, y_pred))
print(mean_squared_error(y_test, y_pred))
```

```
plt.hist(y_test, bins=np.arange(0, 30), alpha=0.3, color='blue', label='y')
plt.hist(y_pred, bins=np.arange(0, 30), alpha=0.3, color='red', label='y_prediction')
plt.legend(loc='upper right')
plt.xlabel('total_amount')
plt.show()

model = RandomForestRegressor().fit(X_train, y_train)
y_pred = model.predict(X_test)
print(mean_absolute_error(y_test, y_pred))
print(mean_squared_error(y_test, y_pred))
plt.hist(y_test, bins=np.arange(0, 30), alpha=0.3, color='blue', label='y')
plt.hist(y_pred, bins=np.arange(0, 30), alpha=0.3, color='red', label='y_prediction')
plt.legend(loc='upper right')
plt.xlabel('total_amount')
plt.show()

params= {
        'criterion': ['squared_error', 'friedman_mse', 'absolute_error', 'poisson'],
        'n_estimators': [25, 50, 100, 150],
        'max_features': ['sqrt', 'log2', None],
        'max_depth': [3, 6, 9, 12],
        'max_leaf_nodes': [3, 6, 9, 12]
        }
model = RandomForestRegressor()
bayes = BayesSearchCV(model, params)
bayes.fit(X_train, y_train)
```

```
print("Best Hyperparameters:", bayes.best_params_)


model = RandomForestRegressor(n_estimators=350, criterion='friedman_mse', max_depth=None, min_samples_split=19, max_features=10, oob_score=True, verbose=350).fit(X_train, y_train)
y_pred = model.predict(X_test)
print(mean_absolute_error(y_test, y_pred))
print(mean_squared_error(y_test, y_pred))
plt.hist(y_test, bins=np.arange(0, 30), alpha=0.3, color='blue', label='y')
plt.hist(y_pred, bins=np.arange(0, 30), alpha=0.3, color='red', label='y_prediction')
plt.legend(loc='upper right')
plt.xlabel('total_amount')
plt.show()


model = GradientBoostingRegressor().fit(X_train, y_train)
y_pred = model.predict(X_test)
print(mean_absolute_error(y_test, y_pred))
print(mean_squared_error(y_test, y_pred))
plt.hist(y_test, bins=np.arange(0, 30), alpha=0.3, color='blue', label='y')
plt.hist(y_pred, bins=np.arange(0, 30), alpha=0.3, color='red', label='y_prediction')
plt.legend(loc='upper right')
plt.xlabel('total_amount')
plt.show()


params= {
        ' loss ': ['squared_error', ' huber', 'absolute_error', ' quantile'],
```

```
            'n_estimators': [200, 300, 400, 500],
            ' learning_rate ': list(np.arange(0.1, 0.9, 0.2)),
            ' min_samples_split': [2, 4, 6, 8, 10],
            ' min_samples_leaf':  [2, 4, 6, 8, 10]
            }
    model = GradientBoostingRegressor()
    bayes = BayesSearchCV(model, params)
    bayes.fit(X_train, y_train)
    print("Best Hyperparameters:", bayes.best_params_)

    model = GradientBoostingRegressor(loss='huber', learning_rate=0.7,
n_estimators=500, min_samples_split=10, min_samples_leaf=10,
verbose=500).fit(X_train, y_train)
    y_pred = model.predict(X_test)
    print(mean_absolute_error(y_test, y_pred))
    print(mean_squared_error(y_test, y_pred))
    plt.hist(y_test, bins=np.arange(0, 30), alpha=0.3, color='blue',
label='y')
    plt.hist(y_pred, bins=np.arange(0, 30), alpha=0.3, color='red',
label='y_prediction')
    plt.legend(loc='upper right')
    plt.xlabel('total_amount')
    plt.show()

    model = KNeighborsRegressor().fit(X_train, y_train)
    y_pred = model.predict(X_test)
    print(mean_absolute_error(y_test, y_pred))
    print(mean_squared_error(y_test, y_pred))
    plt.hist(y_test, bins=np.arange(0, 30), alpha=0.3, color='blue',
label='y')
```

```
plt.hist(y_pred, bins=np.arange(0, 30), alpha=0.3, color='red', label='y_prediction')
plt.legend(loc='upper right')
plt.xlabel('total_amount')
plt.show()

model = SVR().fit(X_train, y_train)
y_pred = model.predict(X_test)
print(mean_absolute_error(y_test, y_pred))
print(mean_squared_error(y_test, y_pred))
plt.hist(y_test, bins=np.arange(0, 30), alpha=0.3, color='blue', label='y')
plt.hist(y_pred, bins=np.arange(0, 30), alpha=0.3, color='red', label='y_prediction')
plt.legend(loc='upper right')
plt.xlabel('total_amount')
plt.show()

params= {
        ' kernel': ['linear', 'poly', 'rbf', 'sigmoid', 'precomputed'],
        'C': list(np.arange(1, 21, 5)),
        'gamma': ['auto', 'scale'],
        'epsilon': [0.1, 0.01, 0.001, 0.0001]
        }
model = SVR()
bayes = BayesSearchCV(model, params)
bayes.fit(X_train, y_train)
print("Best Hyperparameters:", bayes.best_params_)
```

```
model = SVR(C=10).fit(X_train, y_train)
y_pred = model.predict(X_test)
print(mean_absolute_error(y_test, y_pred))
print(mean_squared_error(y_test, y_pred))
plt.hist(y_test, bins=np.arange(0, 30), alpha=0.3, color='blue', label='y')
plt.hist(y_pred, bins=np.arange(0, 30), alpha=0.3, color='red', label='y_prediction')
plt.legend(loc='upper right')
plt.xlabel('total_amount')
plt.show()

model = MLPRegressor().fit(X_train, y_train)
y_pred = model.predict(X_test)
print(mean_absolute_error(y_test, y_pred))
print(mean_squared_error(y_test, y_pred))
plt.hist(y_test, bins=np.arange(0, 30), alpha=0.3, color='blue', label='y')
plt.hist(y_pred, bins=np.arange(0, 30), alpha=0.3, color='red', label='y_prediction')
plt.legend(loc='upper right')
plt.xlabel('total_amount')
plt.show()

params= {
        'solver': ['lbfgs', 'sgd', 'adam'],
        'hidden_layer_sizes': [(100,),(200,),(300,)],
        'activation': ['identity', 'logistic', 'tanh', 'relu'],
        'alpha':  [1e-7, 1e-6, 1e-5, 1e-4, 1e-3, 1e-2]
        }
```

```
model = MLPRegressor()

bayes = BayesSearchCV(model, params)

bayes.fit(X_train, y_train)

print("Best Hyperparameters:", bayes.best_params_)


model = MLPRegressor(hidden_layer_sizes=(200,100,50), activation='logistic', solver='adam', max_iter=500, verbose=True).fit(X_train, y_train)

y_pred = model.predict(X_test)

print(mean_absolute_error(y_test, y_pred))

print(mean_squared_error(y_test, y_pred))

plt.hist(y_test, bins=np.arange(0, 30), alpha=0.3, color='blue', label='y')

plt.hist(y_pred, bins=np.arange(0, 30), alpha=0.3, color='red', label='y_prediction')

plt.legend(loc='upper right')

plt.xlabel('total_amount')

plt.show()
```

Printed by Books on Demand GmbH, Norderstedt / Germany